地域資源を活かす

生活工芸双書

竹（たけ）

内村悦三　近藤幸男
大塚清史　紀州製竿組合
前島美江　田邊松司 著

農文協

（写真：北の竹工房*、他は内村悦三）

タケの種類

温帯性タケ類

●キッコウチク。モウソウチクの突然変異。造園用の植栽竹のほか、和室の床柱などに使用される

●ナリヒラダケ。本州南西部から九州に多く、関東では造園用に栽培される。タケの皮は貼り絵に

●マダケ。秋田県中部から沖縄まで広く分布。編んだり曲げたりが容易なため、日常使いの竹製品から芸術作品まで幅広く利用される

●モウソウチク。工芸素材よりも建材・竹炭材・農業資材利用が多い

●カシロダケ。マダケの栽培種。福岡県八女市が産地。タケの皮に斑点が少なく白い。繊維質で加工が容易で、雪駄表、バレン、竹皮編の素材に。稈は数珠玉にも

●トウチク。関西以西で栽培される。二年生以降の枝は剪定するほどに枝が発生する

●シホウチク。稈の形状が四角で名前の由来にも。庭園の植え込み用に使われる。タケノコは秋に発生し、高知などでは食用にする

温帯性ササ類

●チシマザサ。北海道から鳥取県大山までの日本海側と東北各県に自生。葉の長さが20cmと大きく、稈は強靭で笊や籠にするほか、タケノコ利用もある*

●ヤダケ。節間が長く節が出張っていないため、矢、釣り竿、団扇、筆軸などに使われる

（写真：北海道比布町・北の竹工房）

竹編みの基本 —— 竹ひごをつくる

●竹材の準備（採集から下処理＝晒し竹）

1 切ってきた竹は早めに晒し竹にする。まず、皮や芽を取り除く

2 水に浸したもみ殻できれいになるまでこすり、水で洗い流すか、布で拭き取る（湿式）。苛性ソーダの沸騰液に浸ける方法もある

3 晒し竹の方法には、直火を利用する乾式もある。火に焙って溶け出てくる蝋分を拭き取る

4 晴れた日に半月ほど天日干しして、緑色が抜けるまで乾燥させる

●竹編みの素材となる竹ひごをつくる

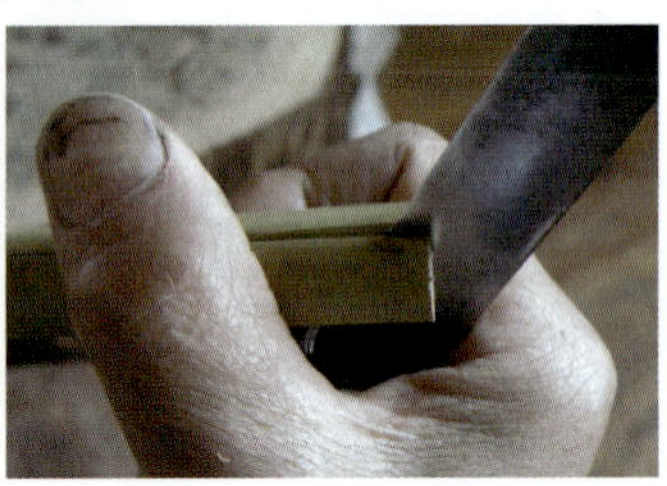

5 包丁を下げて割るのではなく、竹を包丁の刃に送るようにして割っていく

6 包丁を20㎝ほど押し込んでから木槌の柄などに代えると楽にできる

7 節にさしかかったら、包丁に勢いがつかないように包丁を持つのと別の手で竹を挟む

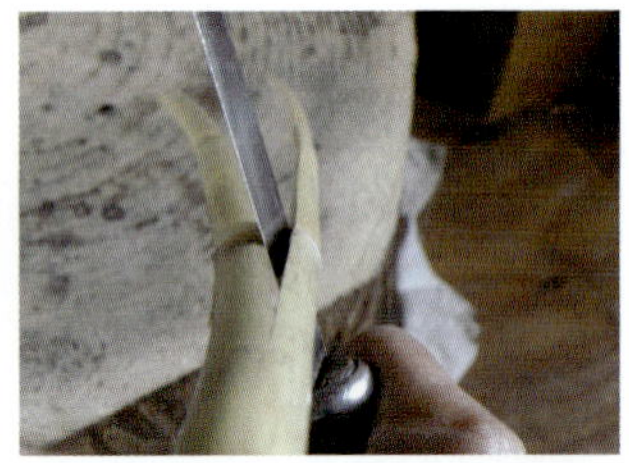

8 刃が中心をそれてしまったら、包丁の刃を薄くなったほうに、包丁の背は厚いほうを押すようにして中心に戻るまで続ける

9 竹裏の薄膜を剥ぐ

10 幅引き作業。木の台にハの字に打ち込んだ巾引き小刀の間を引いて幅を揃える

11 幅引きの済んだ竹は水に浸す

12 裏剥ぎ。水に浸してから、切り出しナイフで身を削り厚さを揃える

（写真：北の竹工房）

竹でつくる——笊(ざる)と籠(かご)

●**台付き六ツ目編み盛り籠**／外側にも六ツ目で編み重ねている

●**透かし網代(あじろ)編みのバッグ**。持ち手が底を支えるのでかなりの重さに耐える

●**笊編みの盛り籠**。直径30cm、四ツ目編みと笊編みの組み合わせ

●**鉄線編みの大皿**。直径40cmの大きな皿状の籠。野菜を干したり、花を飾ったり

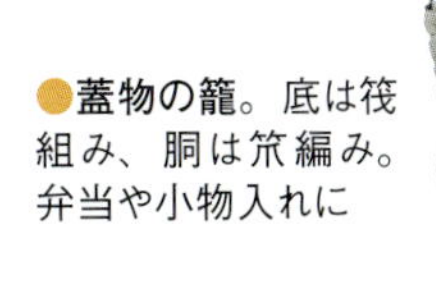

●**蓋物の籠**。底は筏組み、胴は笊編み。弁当や小物入れに

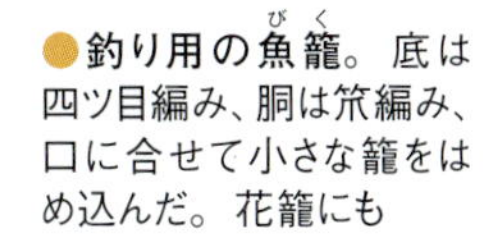

●**釣り用の魚籠(びく)**。底は四ツ目編み、胴は笊編み、口に合せて小さな籠をはめ込んだ。花籠にも

●**燻煙竹の掛け花籠**。1年間燻煙したネマガリタケを幅広のひごにして組み上げた

●**燻煙竹の花籠**。底は網代編み、ランダムに組んだ幅広のひごと細い皮籐の縁かがり

●**燻煙竹の花籠**。細く長いひごを皮籐でかがって組み上げたオブジェ

（写真：北の竹工房）

竹を編む

六ツ目籠編みの場合

●仕上がった六ツ目編み籠

●六ツ目編みのポイント

- ●編んでいる間は、時々霧吹きなどで竹を湿らせると、軟らかくなって編みやすく、滑り止めにもなる
- ●六ツ目編みは、正三角形の一辺に対して竹を平行に差して六角形を編んでいく
- ●編まれた竹の交差の仕方が、上になり（押さえ）下になり（すくい）を順に繰り返すように注意する。上が続いたり下が続いたりする場合は組み替えること

1 3本目は①と②の交差しているところで、下にある①はすくい、上にある②は押さえるように編む

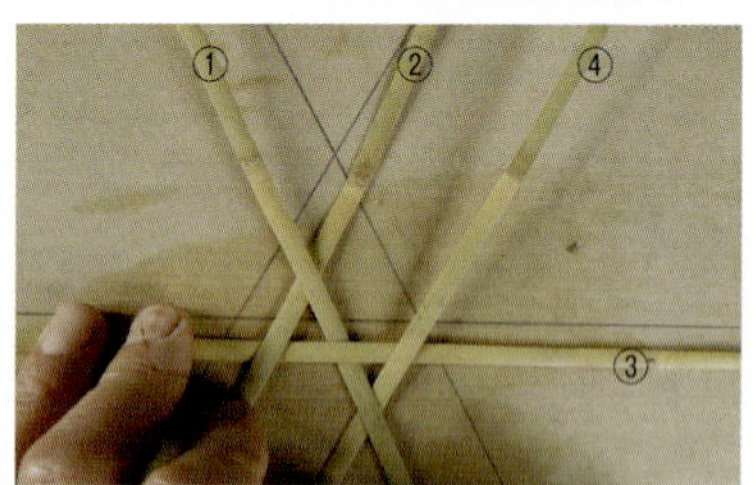

2 六ツ目編み籠は、正三角形のそれぞれの辺に平行に竹を差して編むので、編み台に正三角形を描いておくと正確に編める。4本目は②と平行に編む。①をすくい（下から持ち上げて差す）、③を押さえて（上になるように差す）編む

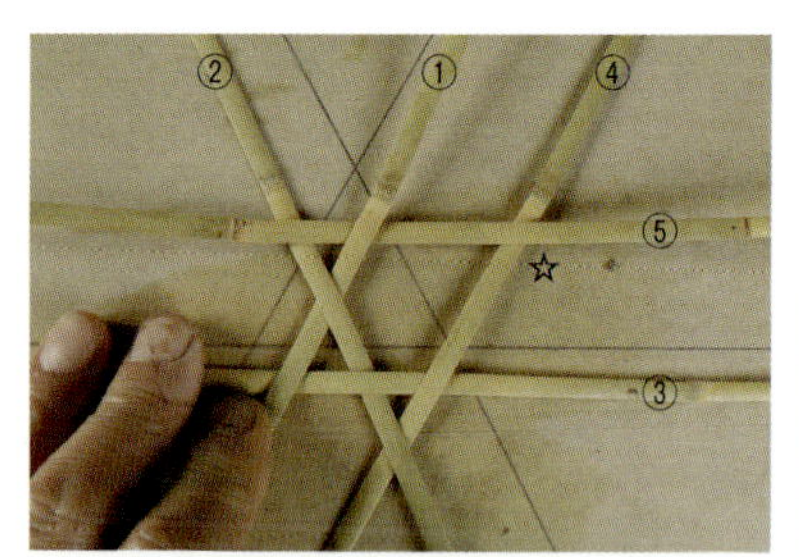

3 5本目は③と平行に編む。②と④を押さえ、①をすくって編む

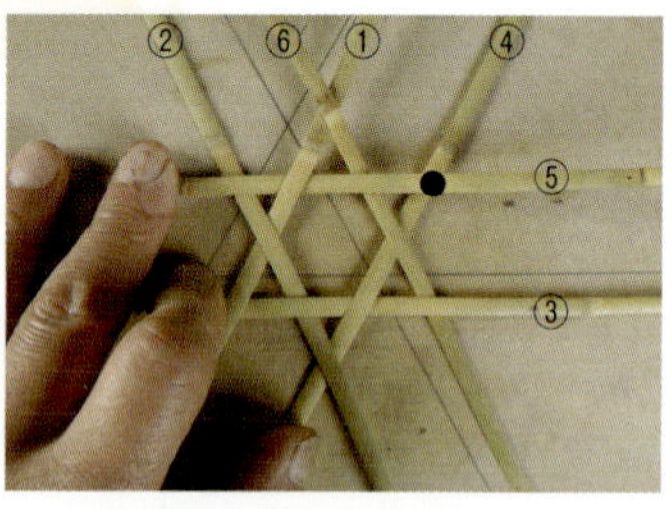

4 6本目は②と平行に編む。③と⑤をすくい、①と④を押さえる。これで六ツ目の一つ目が完成。三角形の頂点になる●のところで、⑤は上上と続くため、上下を組み替える

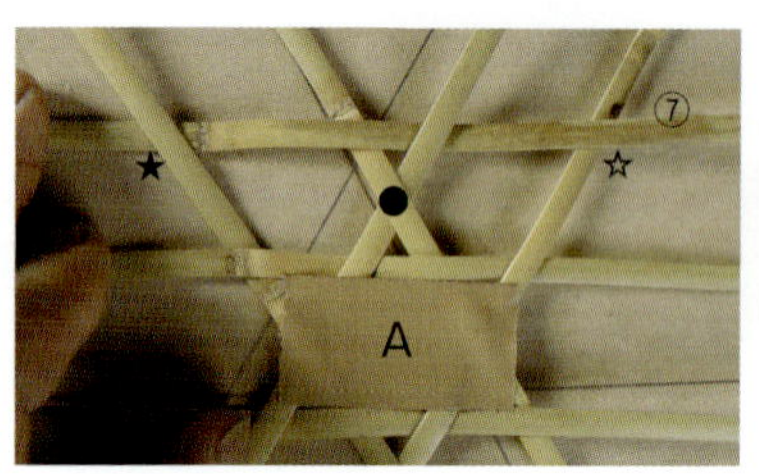

5 中心の六ツ目に茶色のテープを貼る。7本目は写真4の⑤と平行にさし、交差する●の部分を中心に置いて、下はすくい、上にあるのは押さえるように差して編む

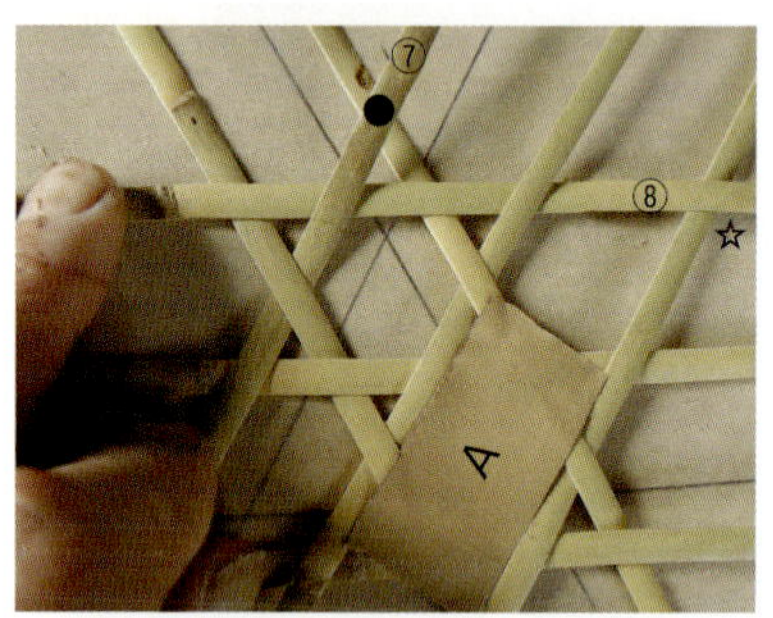

6 このあと全体を1/6ずつ（六角形の角一つ分ずつ）回しながら6回逆時計回りに編んでいく。茶色のテープを貼って回転の目印にする

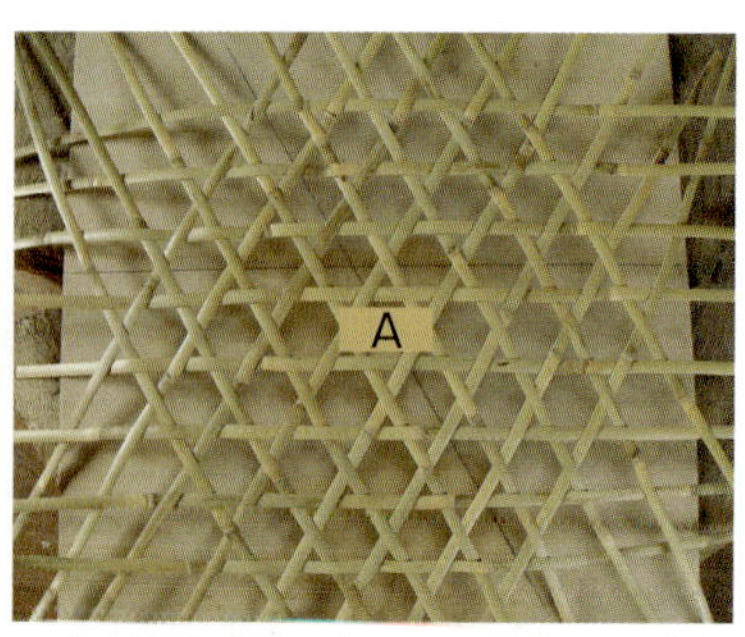

7 4周目が編み終わった状態。写真中で横の竹に対して三角形の向きが垂直方向に揃っているか確認する

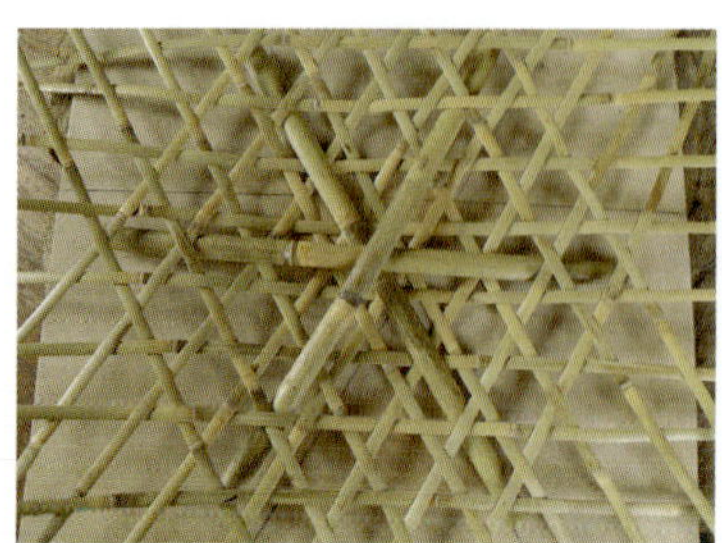

8 底に当たる部分は対角線の長さに切った力竹を編み込む

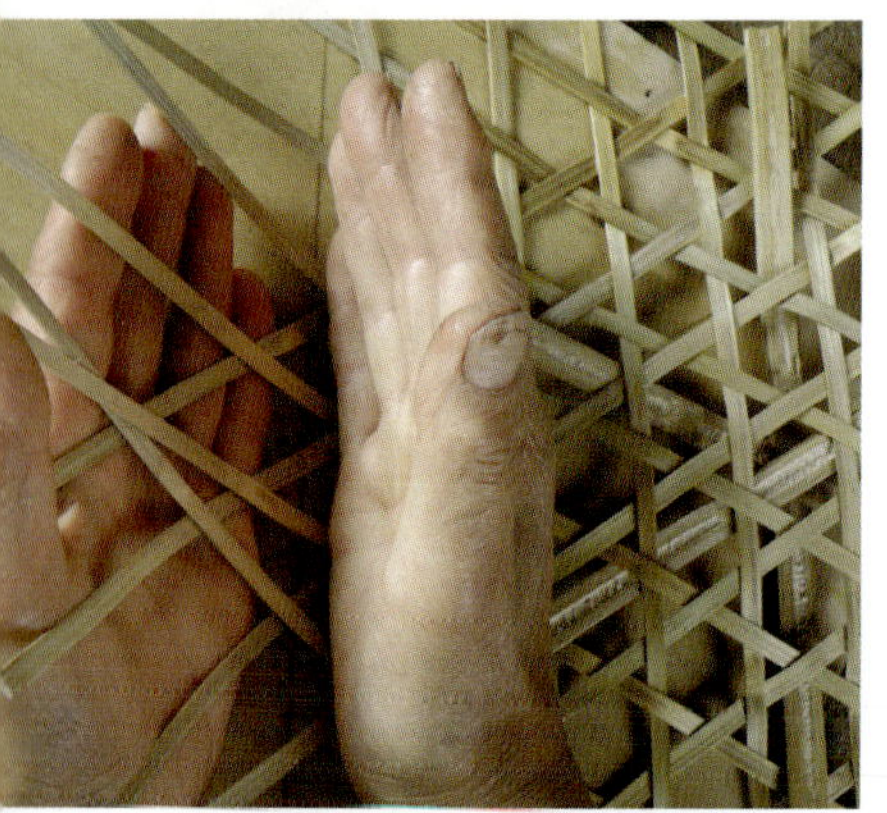

9 外側（胴＝側面部分）の編みにかかる前に、よく竹を湿らせ、軟らかくして手を立てて押さえ、何度も竹の反発力をなくすように曲げて立ち上げる

（写真：倉持正実*、映画「タケヤネの里」〈監督・青原さとし〉より**）

竹皮を活かす

竹皮を使った工芸品

●食品の包装に。京都の「じゃこめし弁当」の例**

●竹皮。斑点が少なく色白で繊維も立っているカシロダケの皮（左）とマダケの皮*

●茶道の道具。茶室の炉などで使う羽箒*

●ばれん（馬連）。版画の刷り師などが使う「ばれん」は、竹皮を編んでつくったひもを、複数本より合わせて太くし、円形に巻いて留め、竹皮で包んだもの**

●草履・雪駄表。南部表と呼ばれる工芸品*

竹皮編

1936年に長期滞在中のドイツのブルーノ・タウトが群馬県高崎市の南部表職人の技と出合って創始したのが竹皮編

1 | 皮拾い**

●盛り皿。ブルーノ・タウトによるデザイン*

2 | 水をかけて湿らせる*

3 | 皮を1㎝幅に裂く*

4 | 皮の両端は硬いので芯材にして竹皮を巻いていく*

5 | 針に竹皮を通し、糸で縫うようにして固定する*

（写真：岐阜市歴史博物館）

和傘

岐阜和傘

●各種の岐阜和傘。左から水玉模様日傘、番奴傘、蛇の目傘

●絹描絵桜舞踊傘。舞台用

●蛇の目傘。色紙を切り継いで模様を入れている

特徴的な和傘

●松葉骨の技法による二重張日傘。傘骨の1本ごとに元だけ残して二つ割にして繋いだ高級傘

●爪折の野点傘。軒部分を細く削り、加熱して内側に曲げたもの

●表皮付きの根竹柄日傘。先端を残して表皮と身を剥がし身のほうに傘紙を張ったもの。傘をたたむと一本の竹のように見える

（写真協力：岐阜市歴史博物館／辻信夫、辻美恵子、マルト藤沢商店 羽根田正則・平野明博・早川豊子・田中富雄・河田正幸）

和傘の構造と製法

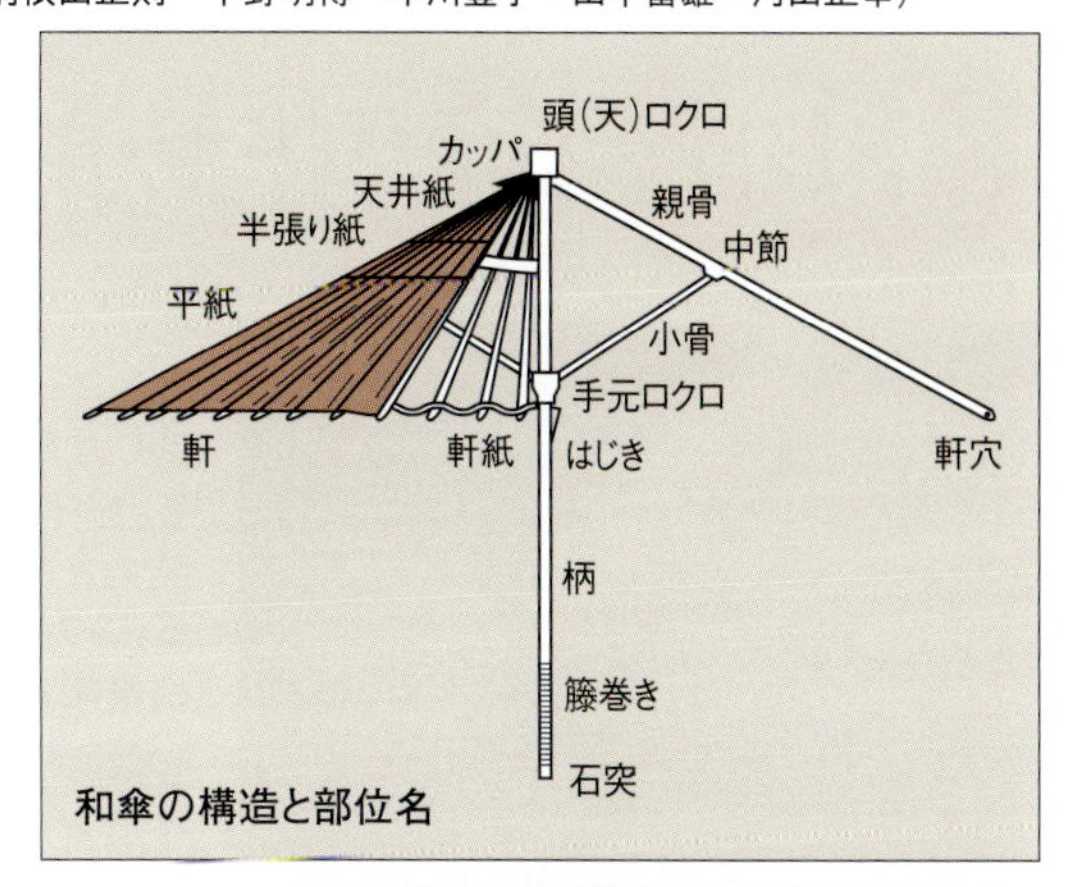

傘骨をつくる

2｜鉈（なた）で粗割りする

1｜表皮を削り節を取って、順番の目安となる筋を引いたマダケ

3｜ナタで小割りする

4｜ドリルで糸穴をあける

5｜竹輪に差して乾燥させる

6｜機械で形を整えた傘骨を順番に並べる

7｜中節に糸穴をあけるヨコモミ作業

傘骨をくみ上げる

8｜オオタメカケ。火であぶって傘骨を湾曲させる（傘問屋）

9｜傘骨をロクロとハジキをつけた柄につなぐ（つなぎ屋）

10｜傘骨のクセを直すテダメ、傘骨を均等に開くマクワリをして（上）傘紙を張る（張屋）

11｜傘紙をていねいにたたむ（張屋）。この後仕上げ屋で防水処理と装飾を施し完成

和竿、竹垣ほか造園・建物への利用

紀州へら竿

（写真：紀州製竿組合、樫本宜和）

釣り道具の和竿は、穂先、穂もち、「もと」からなる。紀州へら竿は、穂もちに使うコウヤチクの反発力とマダケの穂先削りが竿のしなりを決める。コウヤチクが自生する高野山のふもと、和歌山県橋本市清水で竿職人が手づくりしてきた

●穂先削り。撓み（たわ）を見ながら

●曲がりを直す火入れ。七輪と「ため木」を使って

●紀州へら竿創始者・竿正の孫弟子源竿師のへら竿

建材・造園への利用

（写真：滋賀県近江八幡市安土町・有限会社竹松）

●青竹

造園・建築には青竹のほか、晒し竹、炭化処理した竹材が利用される

●竜安寺垣。青竹を利用

●井戸蓋。青竹を利用

●晒し竹

●建仁寺垣。晒し竹を使っている

●炭化処理した竹材

●炭化処理した竹材

●竹木舞（たけこまい）。炭化竹を壁の基礎材に利用

●光悦垣。晒し竹を使っている

はじめに

私たちは、自然の恵みともいえるタケを、生活のなかに深く取りこんで活用してきました。夏の川遊びに使う水鉄砲、竹トンボ、竹馬のような遊び道具から、日常使いの笊や籠、箸やさじ、おにぎりを包むのもタケの皮。祭りの笛もタケでできています。竹かんむりの文字も多い。タケは、文化や伝統にも結びついた深くて身近な存在でした。

生活に密着していたタケでしたが、戦後１９５０年代以降に大きな転換期を迎えます。あたかも日本は高度経済成長が始まろうという時期です。本書の34ページに、「１９６５年頃、九州地方でマダケ林の集団開花が始まり、これがその後中国地方、四国全域、近畿地方、中部地方、関東地方と順次北上していった」とあります。マダケは開花すると枯死します。マダケの開花枯死は、竹産業の従事者にとっては死活問題でした。タケの不足は竹製品の品薄状況を生みます。これに代わって登場したのがプラスチックでした。

プラスチックが誕生したのは、１９０７年。廃棄物になるしかなかった製油所の副産物を取り出して、プラスチックペレットにしたのが最初で、廃棄物の有効活用からスタートしたそうです。また当時は装飾品に使われていた象牙やウミガメの甲羅などの代替品として利用され、野生動物保護の意味もあったといいます。見た目に美しく、軽く、耐久性にすぐれ、しかも廉価なプラスチック。それは、第二次世界大戦後の社会で、文化的な平等と民主化の象徴ともいわれる素材でした。１９５０年に年間生産量が１５０万ｔだったプラスチックは、いまでは3億ｔを超えているそうです。プラスチックは、竹編みの買い物籠をレジ袋に替えました。食べものの生産や貯蔵、衣類から住居の断熱材・カーペットまで、私たちの日常接するもののほぼすべてに及ぶ素材となりました。

ところがこのプラスチックは、タケと違い分解されずに自然界に残ります。細かく砕けて５㎜以下になったマイクロプラスチックが海洋を汚染していると問題になっています。毎日の洗濯によって剥がれ落ちる化学繊維、洗顔剤やボディソープに使われているスクラブもマイクロプラスチックです。下水道を通って海洋に流れ込むプラスチックは、日本列島４つがすっぽり入る面積に蓄積され、深海まで及ぶそうです。魚の体内にも蓄積されます。

こうした時代には、自然の恵みとしてのタケを、放置される竹林の拡大の対策としてだけでなく、日常生活の資源として、改めて見直す必要があるように思います。

本書では、１章では植物としてのタケの特徴、２章ではタケの栽培管理についてまとめています。温帯性タケ類の特徴を知ったうえで、良好な環境のもとで使えるタケを育成する方法が示されています。３章では「タケの文化圏」にある日本列島のタケ利用の歴史を概観し、合わせてアジアでのタケ利用にもふれました。４章では工芸に利用するタケの種類、５章からは竹材利用の基本から始まり、竹ひご、籠編み、笊編みの方法を詳述しています。さらに伝統工芸としての岐阜和傘、紀州へら竿、竹皮編、竹垣の職人さんにも登場いただきました。

本書によって身近なタケが見直され、利用されていくきっかけになれば幸いです。

２０１９年１月

農山漁村文化協会

生活工芸双書　竹（たけ）……目次

温帯性ササ類の5属7種

5章 タケ利用の実際……71

1章

植物としてのタケ

タケ科植物とは

●歴史的には新しい植物群

元来、動物は生活環境に変化が生じても、自ら生きるために必要とされるだけの環境が備わった場所へと、いつでも移動することができる。しかし、植物はある場所でいったん生育を始めると、当該植物はその場所から逃避することができないのである。したがって、たとえ短期間だけであったとしても、その地域の自然環境に大きな異変が生じると、ある時は萎(しお)れ、またある時はその場所で枯死してしまう。

このように、動物と植物は生物と一口に呼ぶことはできても、その生き方自体はまったく異なっている。細部にわたって調べてみると、同じ植物の中でもかなり違った特徴が見出される。植物分類からタケの原点ともいうべき事柄に触れてみたい。

現在、世界中に分布している陸上植物の数は、菌類などを含めると現存種だけでも、およそ30万種前後はあるものと推定されている。このような多数の植物種の中で大半を占めている緑色植物は、光合成を行なうことによって、太陽の光エネルギーを葉から取り入れては化学系のエネルギーに変えて、地球上の有機物を増加させるとともに、そのほかの多くの生物の生命をも支えている。

緑色植物の中でも、大きな役割を果たしているのは種子植物である。種子植物は、維管束(いかんそく)植物ともいわれ、裸子植物と双子葉植物、単子葉植物などから構成されている被子植物で、約26万種にも達するとみなされている。

本書で取り上げるタケ類は、種子植物の中の単子葉植物に属

モウソウチクの林(写真:NPO法人日本の竹ファンクラブ)

しているが、世界的な分布域は主として熱帯から温帯にかけての広範囲であるにもかかわらず、種数そのものは変種や品種を加えたとしても、せいぜい1200種余りしか確認されていない。それというのも、実際には、未だにタケそのものの学問的な研究が未着手の国や地域がいくつも残されていると考えられるからでもある。

陸上植物類が地球上で見られるようになったのは、4億5000万～4億2000万年前までの、古生代のシルル紀の中頃とされ、シダ植物時代とされている。このシダ植物時代に次ぐ2億5000万～1億2、3000万年前までの中世代を裸子植物（ソテツ、イチョウ、マツ）時代と呼び、この頃にはシダ植物のほかに大葉植物である裸子植物と被子植物がすでに出現していたと考えられ、中世代のあとの新生代から今日までを被子植物時代と呼んでいる。被子植物の時代になると、ヤシやタケ類などの単子葉植物のほかに、サクラやブナなどの双子葉植物も現れており、新世代の古第三紀の中期（4500万年前頃）にはタケ類が出現しており、その化石も発見されている。

これまでの陸上植物の分類は、シダ植物と種子植物からなる大葉植物のみによる単系的系統図によって行なわれてきた。ところが、単系的系統図によるだけでは、化石の発見事実と一致しないことがしばしば起こっていたとして、このことに気付いた浅間一男博士は、化石の存在事実に基づいて、陸上植物を、大葉植物、小葉植物、有節植物より成立しているとする三系的系統図を新しく立ち上げて、これまでの化石分析の結果との整合性をもたせた（1982年）。この三系的系統図による分類によれば、タケ科植物は、有節植物に分類される。

こうした新しい知見を通して考えてみると、タケ科植物はほかの植物に比べて歴史的には新しい植物の一群だということができる。

●タケの特性

タケ類が植物分類上、有節植物といわれているのは、円形状の稈の内部に空洞があり、かつ稈の下部から先端部にかけて節が規則正しく節間を保ちつつ配置されているからであり、トクサや葦もこの有節植物に属している。

まず、本項では「タケと木本植物」、「タケと草本植物」、「タケ科とイネ科」などの視点を取り上げる。それぞれを対比することによってタケが木本植物や草本植物と異なった特性を多く持っていることがわかっていただけるであろう。なお、通常、木本植物で「幹」と呼ばれている部分をタケでは「稈」といい、また草本植物では「茎」と呼んで区別している。ただ、多くの植物の中には例外的な形状や特性を示す種が実存しているように、同じタケの中にも稈が空胴でないもの、毎年少しだけ伸びるもの、稈が変形している種など、例外といえる種類がいくらかはある。

【タケと木本植物との相違点】

タケが木本植物(樹木)と共通しているのは、木化(細胞壁がリグニンを蓄積して固くなること)することと、多年生であることだけである。しかし、異なっている点はさまざま存在している。

タケ類は、伸長生長や肥大生長を短期間で終わり、温帯性タケ類でほぼ60日間、熱帯性タケ類では90日間ほどで完全に生長を完了する。それに、こうした生長は初年度のみで、翌年以降はタケ類に形成層が存在しないので生長できない。しかし、木本植物は毎年生長を繰り返し、数十年かけて大きく生長することができる。

また、タケ類は長い年月の間に一度開花した後は枯死するが、多くの樹木では毎年開花しても枯死することはない。さらに、タケの節はタケの皮の付着部であり、生長ホルモンの存在する場所、すなわち生長帯でもあるが、木本植物では単に枝の分岐痕である。

わが国では、タケとササを区別するのが普通で、わかりやすい区別の方法はタケの皮の付着期間である。タケもササも生長期間中は節ごとにタケの皮(稈鞘(かんしょう))をつけているが、いったん生長が終わるとともに自然に離脱するのをタケといい、生長が終了してもタケの皮を1年前後も付着させているのがササである。ただ、和名ではタケとササは現在でも区分されることなく使われているので、素人にとっては理解しづらい部分ではなかろうか。

また、タケには温帯性と熱帯性の違いがある。温帯地域に生育しているタケは、長い地下茎が地中を水平に走行していて、稈がランダム(散稈状)に生育する。これに対して熱帯地域に生育しているタケは、ごく短い地下茎があるだけで、数本の稈をほぼ同時期に地上にタケノコとして立ち上げるので、株立ち状となる。

なお、温帯性タケ類と熱帯性タケ類との折衷型で、地中に長い地下茎を伸ばしながら稈は株立ち状に生長し、これを繰り返すタケ類が亜熱帯地域や亜高山帯に生育していることがある。これらを亜熱帯性タケ類もしくは折衷型タケ類と呼んでいる。

木本植物には総じて地下茎を持っている種は見られない。さらに、多くのタケ科植物の表面は硬くて滑らかで、クロロフィルがあるが、木本植物には荒い樹皮をつけた種が大部分である。

このようにタケと木本植物とでは異なっている点が多く、共通している点は極めて少ない。

【タケと草本植物との相違点】

多年生植物や宿根植物を除いた単年生草本植物とタケが共通しているのは、一度開花すれば、開花に要する期間には関係なく枯死することと、生長期間が短いことである。しかし、相違点としては、タケは大型で木化する種が多数あるが、草本植物は概して小型であり、木化することはない。また節について比べると、タケには前述したように規則的に存在し、生長帯でもあるが、草本植物の場合は葉の付着痕である。

【タケ科とイネ科植物との相違点】

以前、タケの外部形態や花がイネに似ていることから、タケ類は被子植物門の単子葉植物綱、イネ目に属していた。ところがほとんどのタケ類が多年生で木化することから、軟弱な草本植物群とは異なっていることも含めて、近年ではタケ科として独立させている研究者も多い。イネ科とタケ科とは形成層がないこと、生長期間が短いこと、温帯性のタケの葉には葉脈が主脈に平行している側脈から成ることでは共通している。

一方、イネ科植物は花序以外では枝を分岐しないこと、節がないこと、葉柄がないこと、タケ科植物の種子のデンプン粒は単粒であるがイネ科の植物では複粒であること、タケは多年生であるがイネ科植物はほとんどが一年生であること、イネ科植物は木化しないなど、多くの異なった点が見られる。

以上、述べてきたように、タケは木本植物や草本植物などとは異なっている点が多数あるということが明らかであろう。

タケの生育環境と分布

わが国に古くからタケが生育していたことは、『古事記』や『日本書紀』に記載されていることからも明らかであるが、世界的な視野に立って調べてみると思いのほか、タケやササの分布範囲は広い。水平的には、赤道を中心として東西南北に拡がる熱帯地域から温帯地域を含む範囲内に生育していることが明らかになっている。また垂直的には、海抜ゼロメートルから始まり、標高５０００ｍ付近の高山帯のある寒冷地でもササ類の生育が確認されている。

しかし、こうした地域内であっても、タケやササが生育できない場所があるのは、降水量の不足、低い気温、土壌などの自然環境に一因があるからで、降水量不足のサバンナや砂漠地帯のほか、気温が低く土地のやせた高山帯などはその典型的な例であるといえよう。

タケの生育要因の一つは、降水量と気温で示される自然環境であり、これらは毎年変動して生産量に影響を与える。他の一つは、標高と緯度、地形、土壌などで短期的には変動することのない立地環境ということができる。

●タケに適した自然環境

自然環境の要因には降水量と気温がある。

【降水量】

年間降水量と時期的な降水量を考える必要がある。年間降水量では雨季や乾季がなくて、年間を通して降雨がある地域、具体的には温帯、熱帯降雨林、熱帯モンスーン地域などであるが、これらの地域では、タケの生育には降水量をあまり気にすることはない。それでも年間で1000㎜の降雨は最低限必要である。日本では、降水量は各府県で年間1400㎜以上あるために、生育上の問題にはならない。

しかし、熱帯性タケ類が生育している地域では、降雨期間が長く、その量が多ければ多いほど年間のタケノコの発生量は多くなる。また、半乾燥地帯や雨季と乾季が存在する地域では、雨期に最低1000㎜以上の年降水量がなければ、持続的なタケの生産は期待できない。ただ、熱帯性タケ類は、ほぼ90日を要する1回目の生長期間が過ぎれば、そのあとは月当たり40㎜の降水量でタケノコを再び発生させることができるので、タケノコの年間発生量は数回におよぶのである。

温帯性のタケ類が生育している日本では、マダケやハチクのような中形種では1日10ℓ、モウソウチクのような大形種では1日20ℓという、通常の4倍の水分量を生長最盛期の数日間は

世界のタケ類の天然分布と生育型

最寒月の平均気温が10℃以下の地域（▲）：温帯性タケ類のみが生育する
最寒月の平均気温が10～20℃の地域（⊙）：低温地域では温帯性タケ類、高温地域では熱帯性タケ類が生育する
最寒月の平均気温が20℃以上の地域（●）：熱帯性タケ類のみが生育する

必要とする。とくに、タケノコの生育期間には1日100㎜を超す降水量の日があることが望ましい。

また、温帯性タケ類は、地下茎が生長する時期にも、タケノコの生長期同様に、幾分多くの水分が土壌に含まれていることが必要となる。

一方、熱帯地域では年間を通じて気温が高いだけに、土壌の湿度を通年保持するめには、年間降水量の多いことが望まれる。しかし、短時間に多量の降雨があるような状況下では、水分が土壌中に吸収されて保留されるよりも、地表流となって流亡するほうが多くなるだけに、急激な降水量だけでは土壌の保水機能上、水分不足を起こすこともある。また、降雨後に急に日が照ることの多い熱帯では、蒸散量も多いので、土壌内への水分量の浸透量は思っているほど多くならない。

さらに、注意すべきこととしては、熱帯性大形種のタケノコの生長期には、1日当たり40ℓの水分を吸収し、健全なタケほど、日中でも夜間でも、葉の先端部や皮の鞘片から、余剰水を滴下している状態を見ることができる。

【気温】

タケが生育できる自然環境として大切なのは気温で、生育地の最低気温が問題になる。すなわち、温帯地域に生育しているタケ類では、年間の最寒月の日平均気温がマイナス1・5～10℃では温帯性タケ類のみが生育し、同様に、最寒月の日平均気温が10～20℃の範囲の地域では、低温側で温帯性タケ類が、高温側では熱帯性タケ類が生育する。さらに、最寒月の平均気温16℃前後では亜熱帯性タケ類が生育する。

なお、これらの3つのタケ類の北限は、おおよそ北緯40度までと見なされるが、寒さが増すにつれて、それらの稈の形状はいずれも温暖地に生育しているものよりも小さくなる。また、高温側に関しては、月別の年平均気温が、ほぼ27℃までの範囲内で熱帯性タケ類のみが生育するのである。

●タケに適した立地環境

前項の自然環境に対して、ここで述べる標高や緯度、地形、土壌などは、いうならば固定的な環境要因であり、短期間で数値が変動することはないが、植物の生育や分布には欠かすことのできない大切な要因といえる。

【標高】

国内の温帯地域で、工芸材料として利用可能なタケ類、すなわち温帯性タケ類は、土地の標高がそれほど高くなく、低山帯に相当する700m前後までに生育していると考えられている。しかし、時折、山地で育っているマダケやモウソウチクの叢林を見かけることがあるが、それらのいずれもが寺社の催事用に植栽されていることが多い。

ところが、熱帯地域の標高500~600m辺りでは、本来、いずれも地下茎の短い熱帯性タケ類が生育しているはずであるが、温帯性のタケ類の種が生育していることがある。その多くは、高度による気温低下を利用して人為的に植栽されたものであり、さらに標高が高くなると、熱帯性ササ類や亜熱帯性のササ類を見かけることもある。

【緯度】

南緯ほぼ42度に位置しているアルゼンチンの南部やニュージーランドの南島までと、北緯40度の線に挟まれた広範囲内には、数多くのタケ類が生育していることが明らかになっている。ただ、ササ類に関しては、さらに両緯度を越えて生育している。

日本の温帯地域では、温帯性タケ類とササ類の多くの種が各地に分布している。そのササ類の多くの種は、タケ類の種よりも標高の高い山岳地帯に広く生育しているほか、低地でも森林内で地表植生として広く生育している。熱帯地域でも同様の傾向が見られる。

【地形】

温帯地域では、台地、丘陵地、緩傾斜地が適地である。急形斜地の上方部に連続して生育しているタケやササ類は、麓から上部へ拡大したものが大部分で、斜面を下降して拡大することはほとんどない。他方、熱帯地域で生育する稈は株立ち状となって育つために、傾斜地では生育そのものが困難となり、一般に平坦地もしくは緩傾斜地に分布している。

ササ類は、タケ類よりも耐寒性が強く、国内の高山帯の地表植生として、裸地状帯の場所で広大な面積を覆うように生育するだけでなく、低山帯地域でも樹林下の植生として広く生育することができる。

また、国外でも、中南米の標高3000m前後の、アンデス山地特有のパラモ林(年間降水量が多く濃霧がかかって土壌は湿っている)には、チュスクエア属の種が数多く生育している

タケの生育地域と地下茎の相違

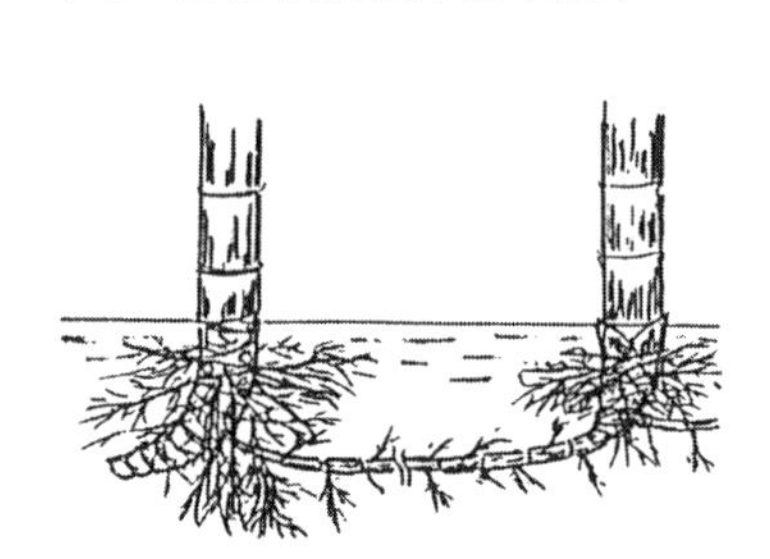

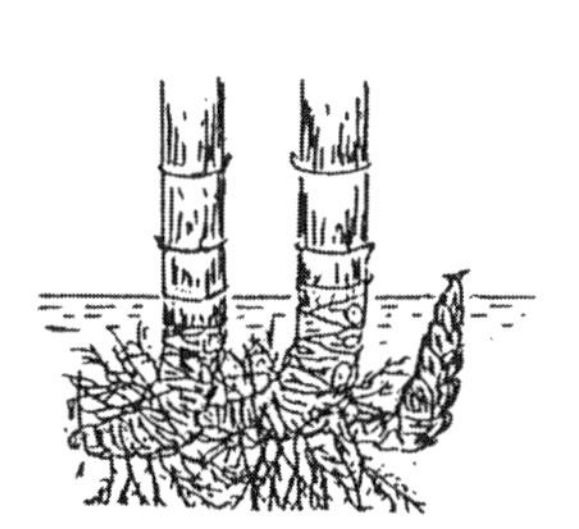

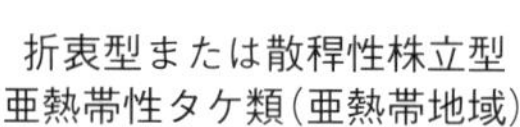

単軸型または散稈型
温帯性タケ類(温帯地域)

折衷型または散稈性株立型
亜熱帯性タケ類(亜熱帯地域)

連軸型または株立型
熱帯性タケ類(熱帯地域)

だけでなく、ヒマラヤ山系の高山帯にも、ササ類の種が生育しているという報告がある。

【土壌】

温帯では一般に排水性のよい砂質壌土、堆積土壌、少量の粘土を含む壌土が適し、pH（酸性イオン濃度）は6～5・5の弱酸性が適している。熱帯では、傾斜地や粘土質のラトソル（赤土）だと、タケ類の生育が困難である。

●分布地域と生育型

タケの分布地域が広いことはすでに述べたところであるが、タケ類が生育している地域によって生育型が大きく異なっていることも、大きな特徴の一つということができる。

【温帯性タケ類】

温帯地域に生育しているタケ類は、いずれも染色体数が48個で、長い地下茎の節ごとに交互に付いている芽子から、適宜に発芽して地上に伸びるため、新しいタケは散稈状（ランダム状）となる。これを単軸分枝と呼び、単軸型あるいは散稈型のタケ類とも呼んでいる。

【熱帯性タケ類】

熱帯地域に生育しているタケ類は、いずれも染色体数が72個で、地中にある稈基部には数個の丸くて大きい芽子があり、これらが発芽すると、地下茎をほとんど伸ばすことなく地上に伸びて稈となるために、地上部では株立ち状で生長する。これを仮軸分枝といい、株立型または叢生型のタケ類とも呼んでいる。

【亜熱帯性タケ類】

亜熱帯性タケ類は、稈の根元に付いている数個の大形の芽子が、仮軸分枝をした後に地下茎を伸ばして単軸分枝し、再度株立ち状となった後、さらに単軸分枝を繰り返す。これは温帯性と熱帯性との折衷型の生育を行なうもので、一見、散稈状のタケと見違えることがあり、アルンデナリ属やメロカンナ属、アズマザサ属、ササ属の一部で見ることができる。

●分布地域とタケの種類

東アジアの温帯地域から熱帯地域にかけては、概して降水量に恵

タケの地域別生育数（原生種の概数）

	アジア		アフリカ		アメリカ		オセアニア		マダガスカル		計	
	種	属	種	属	種	属	種	属	種	属	種	属
温帯	320*	20	—	—	—	—	—	—	—	—	320	20
亜熱帯	132	11	—	—	—	—	—	—	—	—	132	11
熱帯	270	24	3	3	410**	20	7	4	20	6	710	57
計	722	55	3	3	410	20	7	4	20	6	1,162	88

*ササ類を含む　**チュスクエア属を含む

まれているために、各国ともタケの生育地が広がっているだけでなく、タケの種類も多く、広範囲に分布し、生育している。とくに、熱帯モンスーン地域にあるインド東部からミャンマーやバングラデシュにかけては、広大なタケ林が分布している。それ故に、タケが生活用品としてだけでなく、食用としても利用されている。こうした各国が「タケの文化圏」の東側の一翼を担っているのも当然であろう。

日本には温帯性のタケ類が5属45種（変種、品種を含む。以下同様）、温帯性ササ類が6属8節（リンネ式階級分類で属の下、種の上の分類）で約250〜300種（最近は整理されて種数は減少傾向にある）、熱帯性タケ類2属10種が生育している。ただ、温帯性ササ類の大部分は、変種や品種であることが多く、同一品種が地域品種として登録されていることもあって、正確な数値は明らかでないのが実態である。また世界の地域レベルでの分布は、前ページの表にも示したように、降水量の多いアジアとラテンアメリカに多く、種類では、土地面積の狭いマダガスカルに多いことが知られている。

工芸品とタケ各種との相性

わが国で、竹材が古くから工芸品や民芸品の原材料として利用されてきたのは、先人たちが木本科の木材とは異なる、いくつもの特性がそこに秘められているのにいち早く気付いたからだったに違いない。そこで以下では、タケの主要な特性について説明しておくことにする。

チシマザサを使った工芸品（写真：近藤幸男）

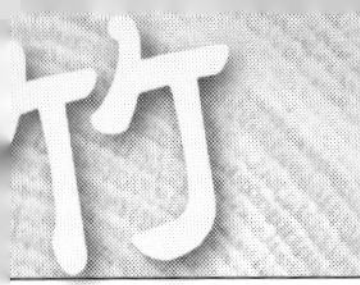

●物理的な特性

どの樹木でも、材質部は樹齢、含有水分、生育していた立地環境や生育環境などが異なると、その材質は多少とも相違しており、また樹種の種類によっても、維管束の配列状態や単位面積当たりの維管束の数や大きさなどが違っている。このため、精巧な製品づくりには、原材料の吟味が大切だとされている。

それと同様に、タケでも生育地の条件が異なると、固体間差が生じやすくなるだけに、異種の取り扱いには、同一種以上に注意が必要である。竹工芸では、同様な製品がつくられたとしても、異種素材を用いた場合には、その工芸品の地域産業のブランドとしての伝統性を強調できないからである。例えば割裂(かつれつ)性、弾力性、堅密性、伸縮性などのうちで、どの要素が最も重視されるかによって、選択されるタケの種類が決まる場合もある。タケの特性とこれに合うどのタケを選択するかは、竹工芸品を新たな地域産業とするとき最も大切なことであるといえよう。

【割裂性】

繊細な細工物がつくれるのは、タケが有する割裂性(割りやすさ)が極めて大きいことにある。すなわち、単位面積当たりの維管束数が多いほど緻密で割りやすいことと関係し、細いササ類よりもマダケやハチクが優れているのは、基本組織に対して維管束面積が広くなっているからである。

とくに、ハチクのほうがマダケよりもより細く割りやすい理由は、基本組織に対して維管束面積自体は大きくないが、その数が多いからである。稈の表面近くに維管束が多く集中しているために、彫刻する際は都合がよいとさえいわれている。また、弾力があって細割りに適するのはマダケであり、竹籠、提灯や団扇の骨に適している。また、弾力性と粘性があるハコネダケ、ネマガリダケを竹籠の縁取り用に使うためには、一年生の稈を秋に伐採し、薄く皮を剥ぐなどの作業が避けられない。

【弾力性】

竹細工や竹工芸品、建築材の原材料として利用するには、弾力性の大きいものが好まれる。この点ではマダケが適している。マダケが弓に使われるのは、稈の表皮部が緻密で弾力性に富み、節間部分が長いためである。細く縦割りしやすい種は、古くから多くの編作製品や加工品に用いられてきた。ただ、おもな支柱材や荷重が掛かるところには、太くて堅固なモウソウチクが用いられることのほうが多いのは当然であろう。

【抗挫力】

抗挫力とは、稈を折ろうとする際に、抵抗力として働く力のことで、維管束の周囲にある靭皮繊維の膜壁の肥厚と、木化度によって決まる。ステッキ用にマダケ、竹釘にはマダケやメダケがよく使われる。

とくに、最近になって竹釘の利用が増えているという。金属製の釘が使われていると木造建築材の廃棄に際し分別廃棄が必要となり、そのための手間を要することからであり、同時に、タケの耐久性が鉄釘よりも強いことが証明されているからでもあろう。また、机の脚、杖、床柱などに使われるのは、抗挫力(折れる力の強さ)に優れているタケである。

【負担力】

マダケの三年生が強く、竹梯子、物干し竿、串などにもこの力が利用されている。寒冷地ではハチクも使われることがある。

【緊密度と伸縮性】

表皮やその近くに維管束が密集しているためにタケは伸縮性が小さく、温度や湿度の変化に対して縦方向への狂いがないため、板材、物差しにマダケ、計算尺にモウソウチク、算盤の軸にヤダケが使われてきた。

このようにタケは軽くて柔軟性があり、しかも加工しやすいだけでなく、木材ではできない曲げ物をつくり出せるという特性があることも見逃せないのである。

●木質繊維としての特性

中国では、唐時代前期の700年頃に、世界で初めてマダケやハチクの桿を使って、日本でいう和紙づくりが始まったといわれている。かつての伝統的な和紙づくりが、今も伝承されているという家内工場を、杭州市近郊にある富陽で見学したことがある。日本でも小規模ではあるが、こうした竹紙の作業場を各地で見ることができる。竹紙の特徴は、破れにくいことだけでなく、墨字や絵具がにじまないことと、強度のあることが特徴となっている。包装紙や壁紙などとして使用する際にも、作者のデザインや創造的な個性のある作品が評判になっている。

また、インド、バングラデシュ、タイなどでは、竹材の靭皮繊維を用いた西洋紙が大型の工場で生産されている(日本でも小規模ながら生産)。いずれも広葉樹のパルプを使ってつくられた洋紙に比べて、竹紙は引っ張り強度が強く、破れにくいという特徴がある。

バングラデシュでは、衣類にも竹の繊維を利用した製品が多数店頭に並べられているが、日本でも、竹の繊維を使った衣類には、消臭性と清涼感があるとして、数年前の夏期にはクールビズ用として売り出されたことがあったが、いつの間にか、より新しい素材に打ち負かされたためか、どこかへ消えてしまっ

タケの繊維で織られた和服と鞄

た。ただ和紙に関しては、生産者独自のデザイン性はあるものの、果たして竹工芸といってよいのかどうかは疑問である。

●健康機能性とタケ

木化してしまっている成竹は、食用とならないから、健康機能性とは無関係のようだが、そうでもない。タケに関する化学的な特性としては、稈の表面に含まれているクロロフィルは、同化作用には幾分か寄与している。この点、クロロフィルには抗菌作用があるために、竹林内を散策することでセラピー効果を得ることができる。

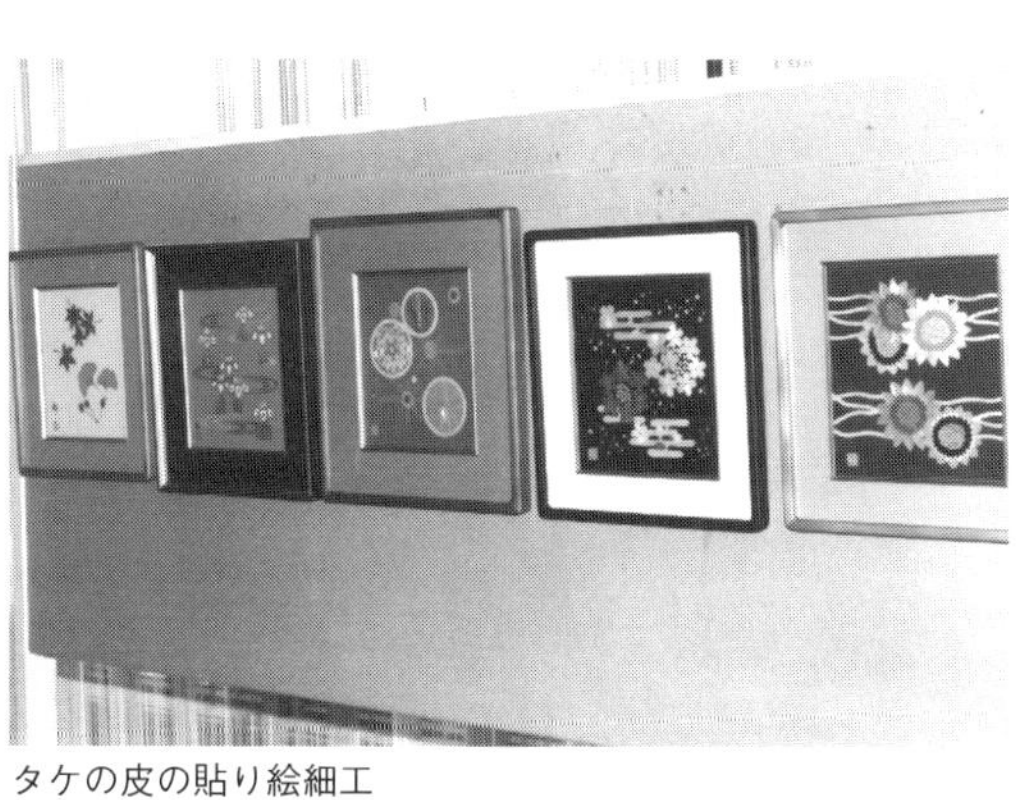
タケの皮の貼り絵細工

また、タケノコの先端部には、たんぱく質、脂肪、ビタミンA_1、B_1、B_2、K、鉄分などが含まれている。また、タケノコの根元部では粗繊維、炭水化物、キシロオリゴ糖のほかに、ホモゲンチジン酸などが含まれている。このほか、ハチクの稈からは、薬用の竹瀝(節を抜いたハチクを火であぶり、切り口から出る液を集めたもの。喘息・肺炎などに効くとされる)、竹茹(ハチクの稈の上皮をはぎ下層部を薄く削ったもの。解熱、咳止め、鎮静、消炎作用があるとされる)が得られ、葉は医薬品や製茶原料となっている。

さらに、葉には殺菌性成分があるので大型のチマキザサの葉は笹団子や粽などの包装用に利用されている。このほかにも、環境保全機能など、竹の存在が数多くの公益的役割を果たしている。最近では、タケの葉やタケの皮を利用した、いわゆる竹工芸に勤しんでいる主婦も増えているのが現状である。

(内村悦三)

竹抽出成分の各種機能

機能	原料部位		期待される機能・効果
抗酸化性	竹	稈	ラジカル捕捉能
			活性酸素消去能
			酸化防止
			高脂肪食による血中コレステロールの濃度抑制効果
		葉	ラジカル捕捉能
			脂質自動酸化連鎖反応防止
			肝機能保護（血中SOD等の増加）
			アクリルアミド生成抑制効果
		筍	アンジオテンシン変換酵素阻害作用
抗菌性、抗ウイルス性、抗カビ性		稈	大腸菌、黄色ブドウ球菌増殖抑制
			青カビ病菌、灰色カビ病菌、いもち病菌、ばか苗菌増殖抑制
			インフルエンザウイルス不活化
		葉	歯周病原因の嫌気性菌増殖抑制
			黄色ブドウ球菌増殖抑制
			インフルエンザウイルス不活化
		筍	大腸菌、黄色ブドウ球菌増殖抑制
殺虫性		稈	防蟻作用
アレルギー性		稈、葉	IgE抗体産生抑制
			免疫活性向上作用

大平辰朗「竹の効果的な利用をめざして」『生物資源』第11巻第2号、2017年）より

タケ資源の有効利用については、さまざまな角度から研究が進められている。タケの部位ごとに抽出された物質に含まれる成分については、健康機能性の面から注目され、いろいろな研究成果が報告されている。

成分は、おもにフェノール類、フラボノイド類とされ、抗酸化性に関するものが多いようだが、抗菌・抗ウイルス性、アレルギー改善効果などもあるという。例えば、タケの稈部の外皮には、抗菌性物質、抗アレルギー物質が含まれるという具合だ。

表は、部位ごとの健康機能性物質の健康用途についてまとめたものである。

（編集部）

2章

タケ林の管理と育成

温帯性タケ類の栽培

これまで、タケ林の管理や育成に関する施業事例では、温帯性タケ類の施業方法がそのまま熱帯地域のタケの植林活動などに持ち込まれて実施されたため、うまく植林させることができなかったという事例報告をしばしば見聞する機会があった。ここでは熱帯性タケ類に関しても、いくつかの要点を付加することにしたので参考にしていただければ幸いである。

●既存林の栽培と管理

里山などで育成されてきた林分で、すでにタケ林として管理されている林地を俗に「竹材林」と称している。この種の林分では、秋頃に竹材を主伐採して市場に出荷することを目的に管理されてきた。こうした林分では一般に粗放な管理態勢を取り、タケノコが生長を終えた頃と伐竹を終えた秋頃に地力を回復させるためとして、2年に一度程度の割合で0・1ha当たり50kgの三要素配合肥料を二等分し、タケノコ発生前と秋の主伐後にばら蒔き方法で施肥をする。そして秋に竹材の主伐を行なう。いわゆる粗放栽培である。

他方、「タケノコ生産林(タケノコ畑ともいう)」では、栽培暦でも示したように施肥を数回に分けて散布するだけでなく、除草を綿密に行なうほか、タケノコの伸長期の後半には「うら止め」と称する先端切り作業を適宜実施して、早春から日光が地表に均等に到達するようにする。これは地温をできるだけ春の早期から上昇させてタケノコの早期発生を促し、できるだけ有利な販売ができるようにするための工夫である。なお、タケノコ生産林でも、タケそのものの伐採は秋に行なって本数管理を実施するとともに、年末までに敷き藁と土壌の散布作業を行なうなどの集約栽培が求められる。

●放置タケ林の復旧と管理

【放置タケ林・不良林とは】

近年問題になっている放置された竹林、あるいは不良林とされる竹林とは、そもそもどのような状態にあるものであろうか。ここでは、その目安をいくつか挙げてみたい。

①細い竹が多い。細いタケとは、目通り直径(目の高さの直径)が最大

枝の落ち跡を数えて年齢を推定する

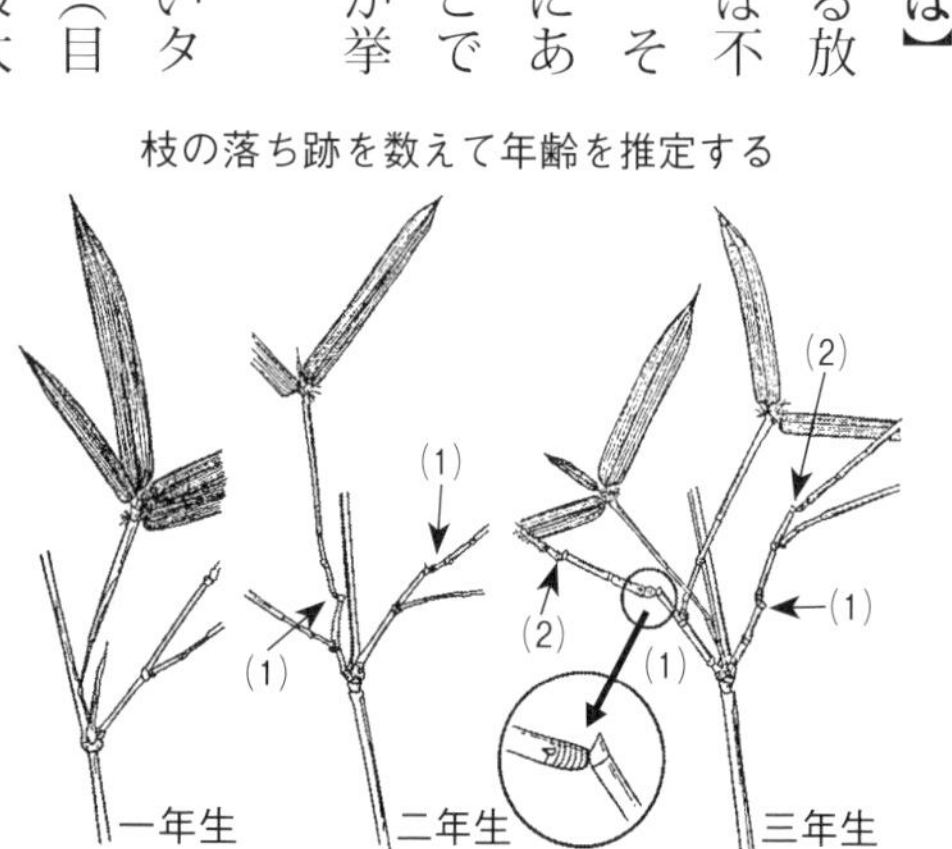

(上田弘一郎「タケ——竹林の改良と仕立て方」より、以下2章の図表すべて)

でもマダケなら6㎝くらい、モウソウチクなら10㎝くらいしかない竹林である。

②老齢なタケが多い。老齢かどうか、そのタケの年齢の見分け方には、（ア）前ページの図にあるように、小枝の落ち跡を見て判断する方法と、（イ）西日の当たらないところで、表皮の赤っぽいものを老齢のタケと判断する方法がある。ただし、日の当たるところにあるタケは、若い竹でも赤っぽいので注意が必要だ。

③タケの立ち方が混みすぎている、あるいはまばらである。

④質の悪いタケが多い。例えば節のデバリの高いタケや、テングス病などの病虫害にやられたタケが多い。また、「姥タケ」とか「ウキス」と俗称されているタケで、枝葉が少なく質が軟らかくて、切ると管に縦シワがよるもの。あるいは「馬ジャクリ」「ヨリガミ」「イタチおどり」「根曲がり」などといわれるものは、幹の下のほうが曲がっているタケである。「枝下がり」は、下のほうから枝の出ているタケである。こうした質の悪いタケの多い竹林は不良林といえる。

⑤タケ林の中に日当たりで繁る雑木や雑草がはびこっている。開花枯死した竹林が放置された場合も、雑草や雑木がはびこっていることが多い。

⑥切り頃の年齢のタケを切り残している。こうした竹林には、古い切り株に大きいタケが見える場合が多い。

表にタケの太さと本数の目安を示した。

優良竹林と不良竹林のタケの太さ別本数（10ａ当たり）

モウソウチク林の場合

目通り直径(㎝)	優良林	不良林
4		9
5		18
6		26
7		27
8		18
9	1	5
10	1	
11	2	
12	4	
13	9	
14	15	
15	14	
16	9	
合計	55	103
平均直径	14	6.4
束数	62.3	23.9

マダケ林の場合

目通り直径(㎝)	優良林	不良林
2		
3		
4	1	48
5	3	15
6	4	1
7	8	
8	4	
9	9	
10	21	
11	19	
12	10	
13	2	
合計	81	145
平均直径	9.5	3.4
束数	41.6	9.3

【放置されたタケ林あるいは不良林の復旧方法】

南向きの斜面であったり、山の峰通りであったり、湿気や乾燥しやすいなど土質のよくない場所であれば、そのままにしておくほうが山崩れ防止などにかえって役立つ。復旧させる場合のやり方は次の通りである。

①雑木や不良なタケを整理する

夏季に雑木や不良なタケを切り払う。タケのもたれにできる木は残す。もたれにできる木とは、タケが傾斜地で台風や積雪によって倒れるのを防ぐ役割をしているような木で、タケよりも幾分丈が高く枝ぶりの強くないものがよい。積雪地では等高線に沿って列状に配置できれば効果が高い。

暖地では、カシの生えるところは西日の強く当たるところが多くタケの生育がよくない。カシ類は枝ぶりも強いので、竹林の中にあるものは切り払うが、竹林の外側のカシ類は少し枝を払って残すと竹林を保護する役割を果たす。

テングス病などに罹っているタケを切り払う。とくにテングス病は菌による伝染の可能性があるので、伐採したタケは焼き払う。大事なのは、六〜七年生の老竹を切り払うことである。先に挙げた姥タケや馬ジャクリ、枝下がりなどのいわゆる悪いタケは切り除くことが必要で、若くてよいタケを残すことだ。不良なタケを除く際には一度に切り取ると、日当たりがよくなり、雑草をはびこらせるので、2〜3年かけて行なう。

②除草する

不良竹林には、カヤ類などがはびこっていることが多い。養水分の吸収が激しいうえ根張りも強く、新竹の生育を妨げるので7月頃に確実に刈り払う。日陰の草類は残しておく。

③施肥する

平地か緩傾斜地で、条件があれば、客土は効果が早い。土質の改良が早く進み、根張りもよいからである。秋にはワラを敷き、その上に5〜10㎝の深さに土を置く。

札木や雑草を除いたあとに施肥するのは大切である。施肥の規準を表に示した。

有機質肥料は穴を掘って敷き込むとよい。

【タケの立て方の基本】

基本は2つである。①伐るべき年齢のタケを切ること、②タケ林の混み具合を適当に保つということである。

10ａ当たり10束増産するための必要成分量（単位：kg）

成分	マダケ林	モウソウチク林
チッソ	8.3	7.3
リン酸	5	4.8
カリ	5.2	5.2
珪酸	8	6

【適齢期に切ること】

適齢期に切るための目安は種類によって違う。およその目安としては、モウソウチクでは五年生前後、マダケでは四年生前後、クロチクやホテイチクのような細いタケでは二〜三年生である。太い種類のタケはやや高い年齢で、細いタケの種類では早く更新することになる。また、軟らかい質のタケの場合では、加工用に使う場合は1年くらい遅く、質の固いタケの場合では、1年くらい早く切るようにする。

その年にタケを切ることが、翌年のタケの新竹を育てることになる。新竹には毎年夏か秋に墨でマークを付けておくとよい。切る時期は、秋の10〜12月頃までが適期である。秋以外に切るときには、虫がつきやすいことに注意する。春切りは、切り口に虫がつきやすい。シンクイムシなどは要注意である。夏は親竹が同化作用を盛んに営む時期であり、なるべく切らない。従来、八専(128ページ参照)の日に竹を切ると虫がつくといわれてきた。これは実証されているわけではないが、この時期は雨が多く湿気も強いので、虫がつきやすいことがあるようだ。親竹の残し方にもよる。皆伐はすべきではない。

親竹は五年生になったら切って後輩に譲る

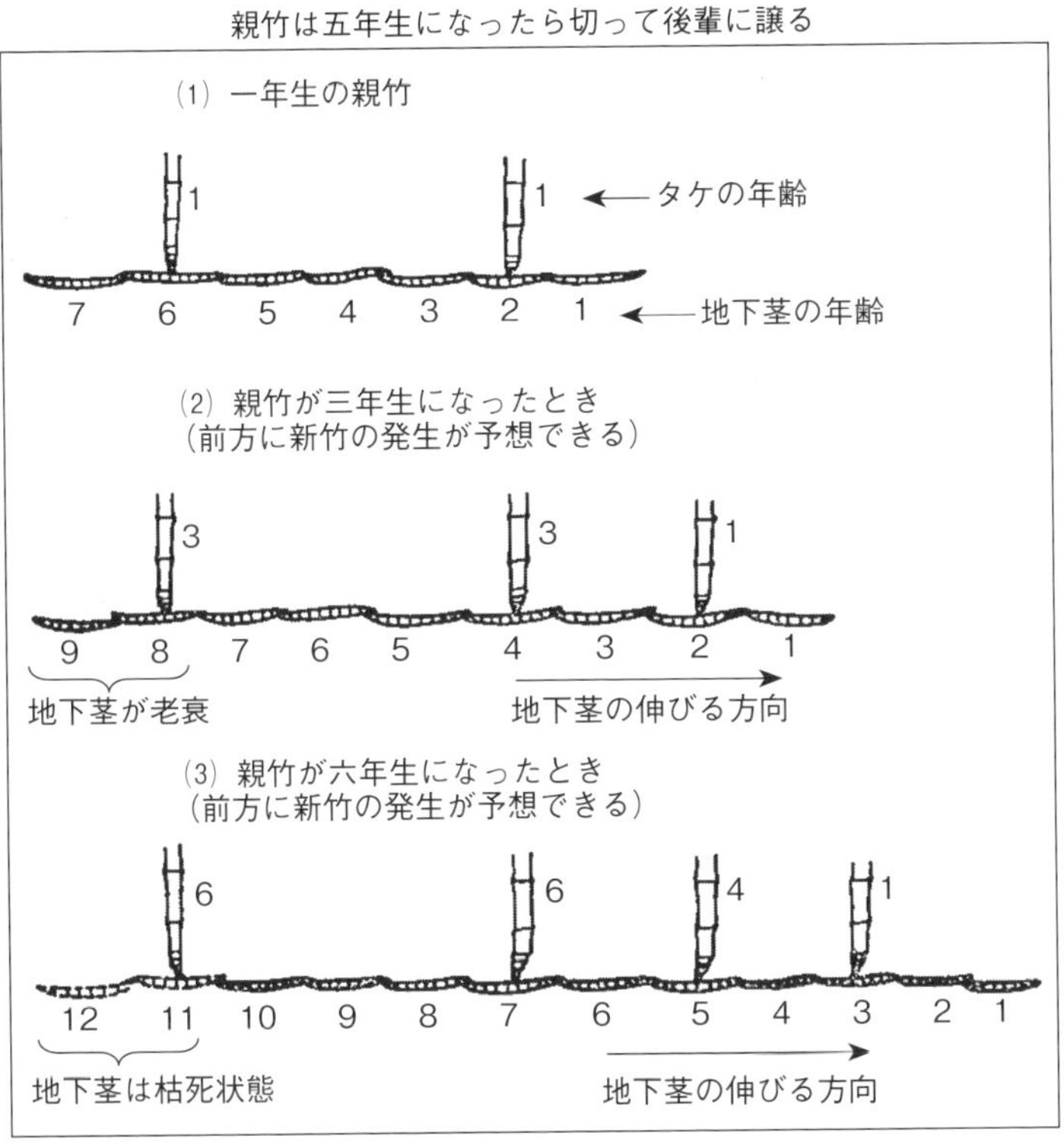

毎年選んで切る：基本は、切り取り年齢になったタケは切る、ということである。七、八年生のタケはすべて切り取ったほうがよい。適齢期の考え方を上の図に示す。留意すべきは、親竹の年齢は同じ三年生であっても、それが生える地下茎はまちまちであることである。タケが五年生であれば地下茎は六年生であることは確実であるので、切り取るほうがよい。

1年おきに選んで切る：二年生が切り取り適期である、クロチクやホテイチクには当てはまらないが、幹の太いマダケやモウソウチクに応用されるのは、1年おきに選んで切る方法である。ふつう竹林では、タケノコがたくさん出る年と出ない年が1年おきに現われやすい。そこで、2年分をまとめて切るという方法がある。1年よけいに年を取った竹を切ることになることや、収量は必ずしも2倍にはならないことなどがあるが、竹林が広いときには有効である。

帯状にすべて切り取る：竹林を短冊形に区分けして、帯状に、タケのよいもの悪いものも合わせて、すべて切り尽くす方法である。細いタケをつくりたいときや、切り取り適期が二年生のクロチクやホテイチク、パルプ用材に使うタケの場合にはこの方法が向いている。帯の幅は、太いマダケやモウソウチクでは10mくらい、細いホテイチクやクロチク林では、5mぐらいがよい。

切り残す親竹の本数(10a当たり)

種類	土質					
	上		中		下	
タケ類	立竹本数(本)	平均直径(cm)	立竹本数(本)	平均直径(cm)	立竹本数(本)	平均直径(cm)
マダケ林	700	8	800～1000	6	1100～1500	3
モウソウチク林	400～500	12	600～700	10	800～900	8
ハチク林	800	7	900～1100	6	1200～1600	3
クロチク・ホテイチク林	1500	3	2000～2500	2	3000	1

【混み具合を見て切る】

混み具合の判断の仕方としては、昔から直径が太くなるホテイチクなどの竹林では、小さめの傘をさして歩いても傘がタケに触れないくらいの、空間のある竹林がよいとされている。また、上田弘一郎博士は、竹林の中でも、日陰でよく育つ草類が生えているところは、タケの生育によい環境であることを示していると指摘している。切り残す親竹の本数の目安を、表に示した。親竹を基準にした本数は、親竹を切りすかした直後の親竹の本数をもとに決める。

●新植林の栽培・管理

竹苗づくり：温帯性タケ類では地下茎の「株分け苗」をつくる方法としては、太めの地下茎の中央部に下枝が数本付いた稈を1mほどの長さに切り、深さ30cmほどの土中に水平に植え込む。稈の側には支柱を付けて風倒を防ぐ。翌年に新芽が出ているものを植栽地に植える。このほか、開花した際には早期に充実した種子を採取し、これを播種して「実生苗」を育成する方法があるが、日時がかかるのと温帯性タケ類では開花がいつ起こるか不明なことや、種子の発芽率が低いので必ずしも実用的ではない。

植え付け適地：南向きや西日の強く当たるところは不良林になりやすい。表土が浅いところや湿りすぎや乾きすぎの土地も不適である。

植え付け本数の目安：最初はha当たり500本の苗を植え付けておき、発生してくるタケノコを採ることなく育てる。ただし、矮小なものや密接して生育しているものは除去し、最終目標を工芸作品用竹材林とするには1ha当たり7000本を目標とする。ただ、この方法では成林するためにはおおよそ7～10年ほどの期間を必要とする。

●施肥の考え方と実際

施肥の考え方：タケは、新竹の生え方が、多い年と少ない年が交互に繰り返される。原因はいろいろあるようだが、おもな原因は養分にかかわる。たくさん新竹が生えた年の翌年に、新竹が少ないのは、気候条件が変わらないとするなら、蓄積養分の少ないことが原因と考えてよい。

果樹でいう隔年結果のような状態を是正するには、施肥が有効である。新竹が、だんだん細くなる竹林を「下りヤブ」、だんだん太くなる竹林を「のぼりヤブ」などと呼ぶが、のぼりヤブにするにも施肥の影響が大きい。施肥にあたっては、土壌改良も必要な場合がある。湿地では排水をよくする、固い土には有機物の施用などの対策も大事なのである。開花枯死した竹林の回復にも、施肥が有効である。

タケは、地下茎の芽が地上に向かって伸び、さらに生長したものである。したがって、施肥はこの地下茎の伸長に影響するように行なう。地下茎の伸び方は、モウソウチクやマダケでは5～6月から伸び始めて、7～9月に伸び盛りとなり、10月には生長が止まる。新竹の生え方に影響する地下茎の伸びに即して施肥するには、10月以降の施肥は効果が少ない。化成肥料は、地下茎が養分を必要とする少し前の時期、モウソウチクなら2～3月頃、7月頃と9月頃である。秋の施肥は翌年の生長への蓄積養分となる。

タケは、根の先のほうに多いひげ根から肥料を吸収する。1本のタケの根は、通常1本に500～1500本とされるが、地下茎の節ごとに10～30本のひげ根がつく。

有機質や堆肥など遅効性のものは、いつ与えてもよい。

タケノコの採取用の竹林の場合は、施肥は親竹に与えるものであり、タケノコはこの親竹から養分をもらっていることに注意すべきである。タケノコに直接吸収されるわけではない。

タケの葉には珪酸分が多い。古い竹でもタケの葉には12％の珪酸が含まれているという。珪酸肥料も必要だが、タケの葉を持ち出したり、燃やしたりしないことも大事なことがわかる。

施肥の実際：良林であれば、無肥料でも10ａ当たり20束は収穫できる。10ａ当たり10束を増産するための施肥設計を表に示す。自分の竹林にどのくらいの施肥が必要かを測るには、4×5ｍの区画（20㎡）に、下表にある施肥量の50分の1量を施肥してみて効果をみるという方法もある。このような施肥によって、良林なら10束の収穫増が可能であると思われる。通常この施肥で、マダケ林なら50～60束、モウソウチ

10束増産に必要な施肥量（10a当たり）

肥料の種類		施肥量（kg）	四要素量（kg）			
			窒素	リン酸	カリ	珪酸
例1	塩安	30	7.5			
	過リン酸石灰	30		4.8		
	塩加カリ	10			5.8	
	厩肥	200				
	珪カル	30	0.6	0.4	0.4	9.0
	合計		8.1	5.2	6.2	9.0
例2	人糞尿	200	1.0	0.2	0.5	
	鶏フン	250	8.5	5.7	2.5	
	木灰	30		0.7	2.4	
	珪カル	30				9.0
	合計		9.5	6.6	5.4	9.0

ク林では70～80束くらいである。

土質はpH5ぐらいまでは気にしなくてよいが、酸度がこれ以上高くなるようなら、石灰の施用が必要である。石灰は有機質の分解を早めたり、土壌の理化学性をよくしたりする効果も期待できる。

火山灰土やシラス土壌では、肥料のなかでリン酸分も数年間は施用するのがよい。

ひげ根に効かせるには、地表に振りまくよりも、穴を掘って肥料を入れるほうが効果がある。肥料吸収が最も期待できるのは、三～四年生までの親竹の根元から1mくらい離れた位置への施肥である。

●除草の実際

雑草は必ずしも刈り取る必要はない。雨水による表土流出を考えれば、むしろ生えているほうがよい場合もある。生えていてよい雑草は日陰に育つ草本類で、例えばミヤマカタバミ、ヤブミョウガ、ジャノヒゲなどである。豆類のネコハギやコマツナギ、ミチヤナギなどの種を播種しておくのも地力改良に効果がある。

日当たりではびこるススキ類やゼンマイ、メヒシバ、コシバ、シシガシラなどは刈り取る。シダ類には石灰チッソが有効である。除草剤の使用は、タケそのものを傷め、環境への影響も大

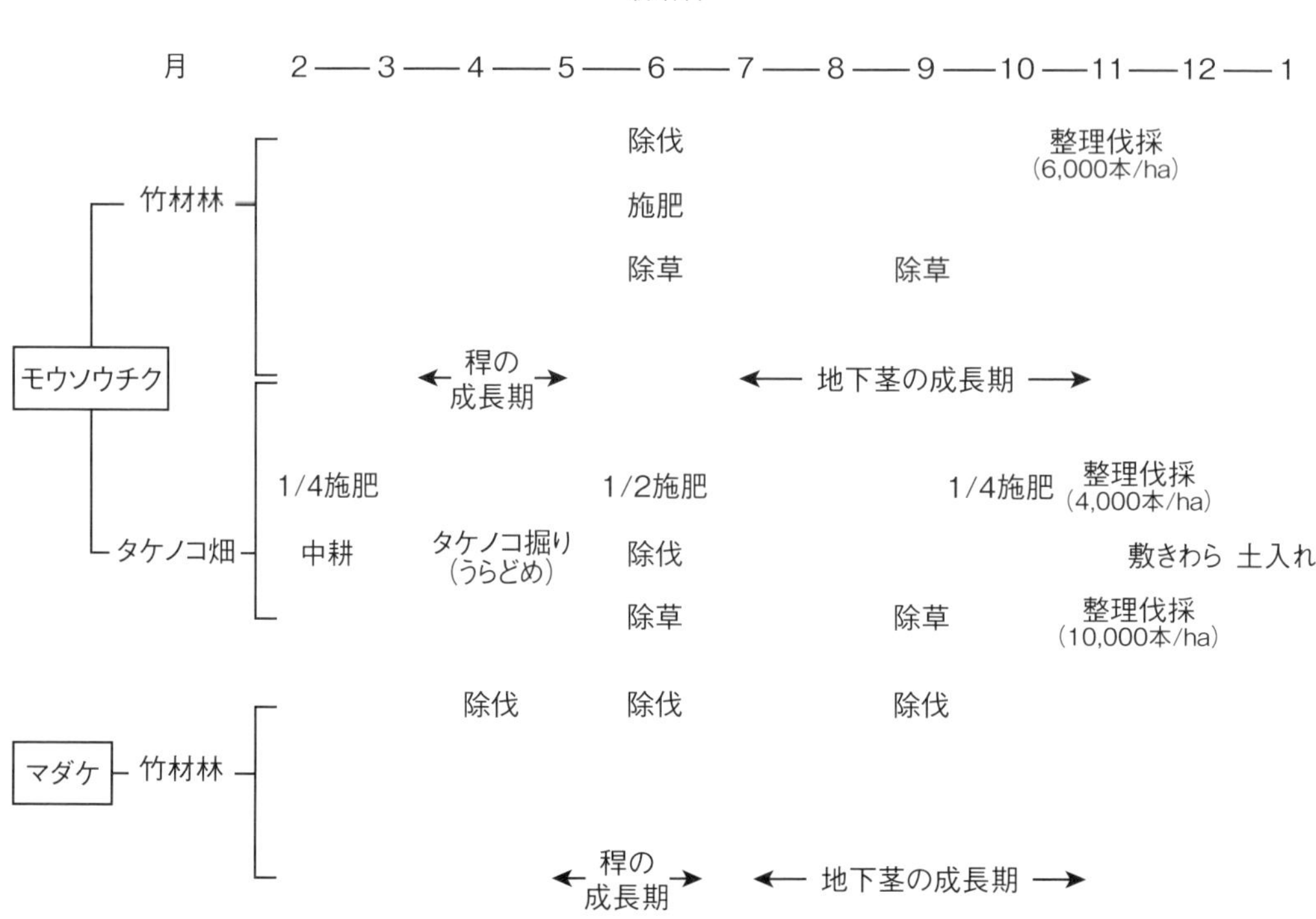

きいので薦められない(栽培暦参照)。

●病害虫対策

テングス病：病気には黒星病、朱病、水枯れ病などがあるが、これらには著しい被害はない。もっとも注意すべきは、テングス病である。六～七年生の老齢なタケや、マダケがよく冒される。この病気は伝染するので、罹病したタケは焼き捨てることが必要である。春の胞子が飛ぶ頃にボルドー液などを散布する。

ハジマクチバ(タケノコムシ)：幼虫がタケノコを食い荒す。幼虫は頭部が褐色、胴部は暗紫色、灰褐色の背線と両側にやや幅広の灰褐色の縦線がある。成虫は7～8月に低い小枝の葉先に暗褐色の卵を産む。4～5月に孵化してタケノコの内部に食い入る。タケノコに入った幼虫には、薬剤も効果がない。

早めにタケノコをビニールで覆う。タケノコの先に白い糞を見たら、タケノコをすぐに刈り取り、自家食用にする。夏に誘蛾燈で成虫を集めるのも効果がある。

ハリガネムシ：コメツキムシの幼虫でタケノコを食い荒す。土中で生活するのでタケノコの根から侵入する。

タケノハマキムシ：幼虫が糸を吐いてタケの葉を数枚綴り合わせ、そのなかで葉を食害する。6月中・下旬に羽化した成虫が葉に産卵し、幼虫は葉を巻いて食害しつつ越冬する。殺虫剤を散布するか、成虫を誘蛾燈で集めて焼き捨てる。

テングス病の症状

1. つる枝の先端に白色の子座をつくったもの
2. 分生胞子

◌印を拡大したもの

ハジマクチバ

ハリガネムシ

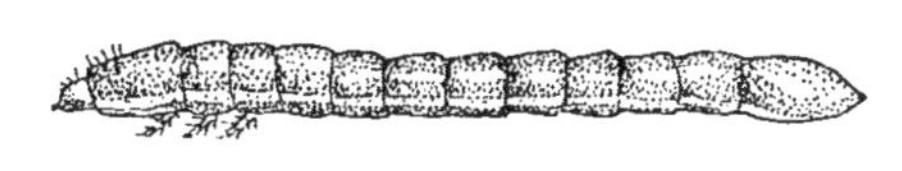

タケノハマキムシ

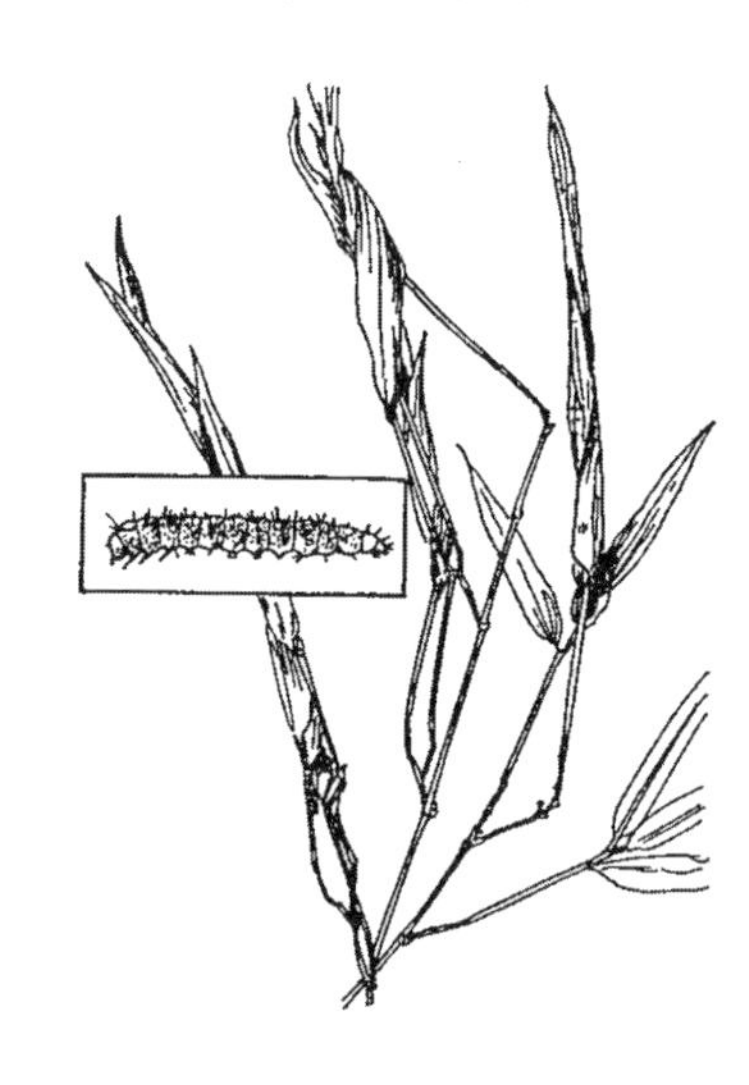

タケアツバ

A

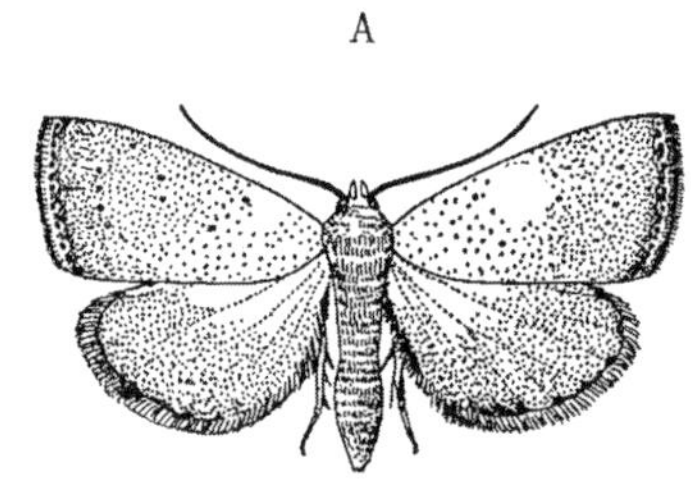

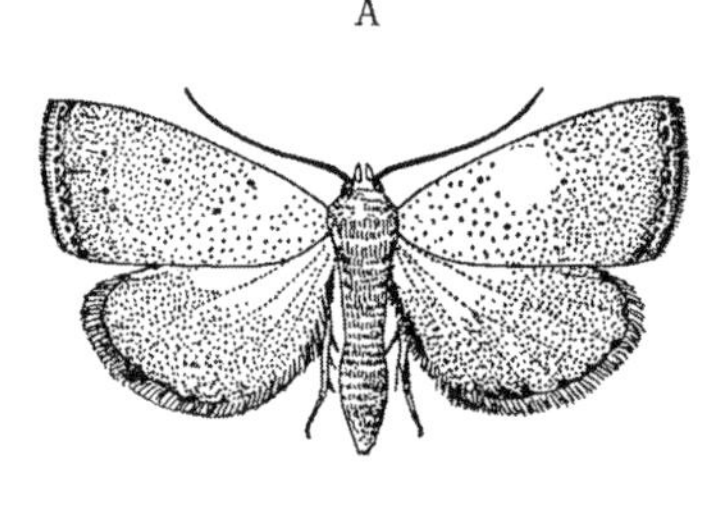

B

モウソウタマコバチの産卵によってできたムシコブ

タケアツバ：幼虫が葉を食害する。6月中旬～10月中旬まで5回くらい発生する。かつては大発生した記録もある。夏の終わりの頃の被害が大きい。早めに見つけて殺虫剤を散布する。

モウソウタマコバチ：幼虫が小枝に付いてムシコブをつくる。ムシコブができるとタケの樹勢が落ちる。成虫は新しく伸びた小枝の基部に産卵し、この部分から、やがて長さ25～30㎜、幅2～3㎜に膨れたムシコブができる。幼虫はムシコブの中で成長し、蛹になって越冬する。4月上旬～下旬に成虫が飛び出す頃に殺虫剤を施用する。

タケトラカミキリ：幼虫が竹材を食い荒す。成虫は、7～8月に飛び出し、タケの切り口や裂け目に産卵する。切ってから間もない青竹に被害が多いが、乾燥が十分な竹材には少ない。成虫の飛ぶ時期にタケを切らないことが大事である。切ったあとの割れ目や傷口に石灰を塗布して成虫の産卵を阻止する。

ベニカミキリ：幼虫が竹材を食い荒す。成虫は4～5月に飛び出し竹材の節の外側や傷あとに産卵する。乾いた竹材や二～三年生以上の硬い竹材によくつく。成虫の産卵を阻止することが大事。

タケナガシンクイ：暗赤褐色または黒褐色の小さな甲虫。幼虫が竹材を食い荒す。5～6月に飛び出す成虫が竹材に侵入して産卵する。含水率20%の竹材で被害が多い。乾いたタケや切って間もない水分の多いタケには被害が少ない。タケを切る時期は、産卵期を避けて、10月

ベニカミキリの成虫

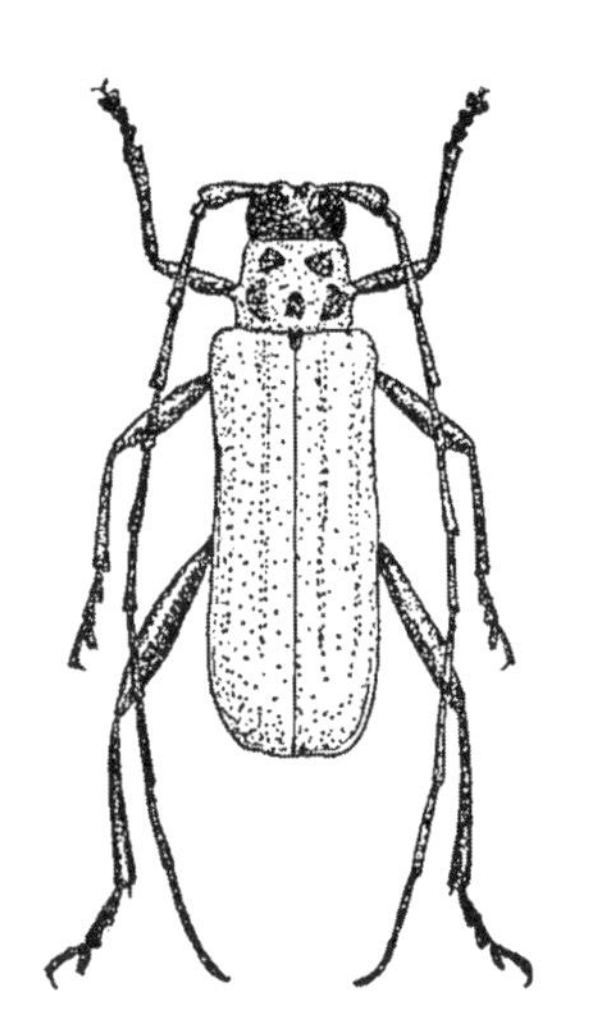

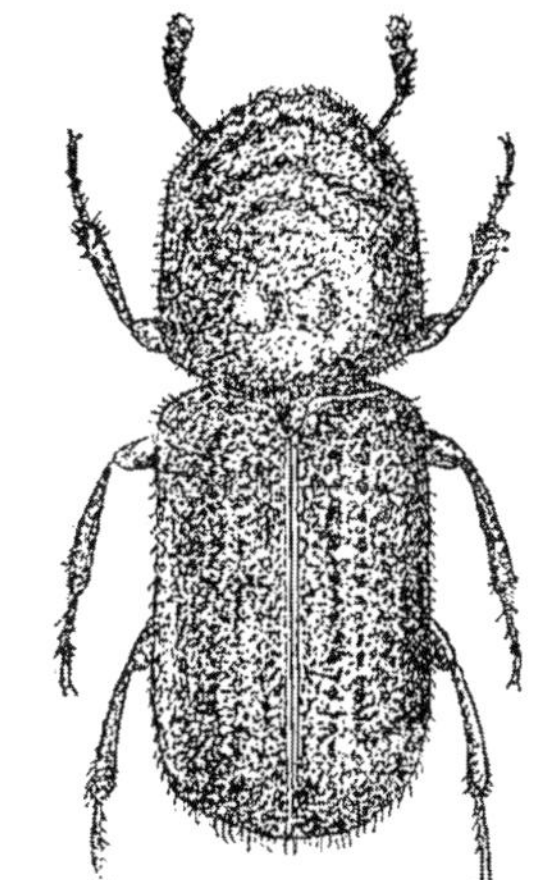
タケナガシンクイの成虫

以降の1～2か月とする。貯蔵するタケのそばに広葉樹や植物の根などを置かないことも大事である。

●製炭用林の栽培・管理

通常は竹材林を製炭用に移行させるのであるが、地形は西向き斜面や水分の多い谷筋のタケは水分含有量が多いので、転用は避けること。また、日中にも直射日光がやや多めに差し込む程度の明るさが林分全体にあるのが望ましい。そして、製炭材として利用する年齢は四、五年生のタケが最適である。したがって本数密度管理は1ha当たり多くても6000本とする。

伐採竹の順序：いかなるタケ林であろうと伐採竹の順序は変わらない。①立ち枯れ、②老齢竹のため稈の表皮が褐色に変わっているものを伐採し、③その後は相隣接しているタケで高齢なほうのタケを伐採する。④障害のあるタケを伐採する。こうして最終的に残った四、五年生の健全なタケで、立竹本数の調整を行なう。

熱帯性タケ類の管理

●管理・育成上の留意点

熱帯性タケ類の最大の特徴は地下茎がないか、ほとんどないことで、地上で生育している稈そのものは株立ち状になり密生している。一方多くの新竹は株の外側に発生してくるため、内側で育っている前年またはそれ以前に生育した稈の伐採が困難である。したがって最初は数本の新竹を犠牲にしてでも、内部にあるタケを切り出してスペースをつくる工夫が必要である。

また熱帯多雨林地域では、降水量もしくは降水日数が多ければ何度もタケノコを発生するので、何回にも分けて施肥することが大切である。

現在、日本国内で栽培されている熱帯性のタケ類はわずかだが、工芸に役立つと思える特性が見出された際には持ち帰って挿し木苗を育成し、増殖することをお薦めしたい。

D. asper（中国名：馬来甜龍竹）の挿し木苗（タイ）

放置されたタケの林からタケの将来へ

●放任タケ林の成立原因

わが国のタケ利用の歴史については3章で述べるが、タケの特徴を時代のニーズに応じて、庶民の暮らしに活かしてきた。その一方、古くは高貴な人々の日常生活にまで竹製品が取り入れられたことで、常にわが国のタケに関するモノづくりの技術が進歩してきたといえよう。

その結果、生み出された竹製品群に多様性のあることが認められ、「タケの文化圏」と呼ばれる範疇に加えられるだけの一国家となったのである。

しかし、わが国の林業の世界では、木と竹はもっぱら「木竹」と呼ばれ、同等のように扱われてきたものの、その実態はかなり異なっていた。木材の生産目標の主力は、あくまで建築材や製紙用の原材料の他、家具材として広く利用することにあった。木材は林業のメジャーの位置にあっただけに、苗木づくりから植林、除伐、間伐、主伐といった一連の作業は、国や山林所有者自身が常にかかわっていたのである。

ところが竹材は、実際には建築材として利用されることはほとんどなく、むしろ木の補完的な役割を果たしてきた。その位置付けはあくまでマイナーな位置にあるもので、民具、農具、工芸品のほか、日本家屋の化粧柱や小窓、垂木などとして利用されてきた以外には、工芸品としてのモノづくりでも農家の休閑期に行なわれることが多かったといえる。つまり、生活用品の原材料として用いられるレベルのことが多かったといえるのである。

しかも、各農家のタケ林所有面積が狭かったにもかかわらず、毎年タケ(竹稈)を伐採しなければならないことから、いつの間にかタケの伐採だけでなく、管理までも竹林の所有者が竹屋と呼ばれている専門職人に委託するようになっていた。このことが、今日の放置竹林をもたらす背景の一つの要因となっていると考えられるのである。

最大の問題は1965年頃、九州地方でマダケ林の集団開花が始まり、これがその後中国地方、四国全域、近畿地方、中部地方、関東地方と順次北上していったことである。当時はモウソウチクの開花枯死現象に関しての知識はあったものの、マダケに関する開花関連の情報がほとんどなかったために、マダケの開花枯死現象もモウソウチクに準じているものと考えられていた。しかも大部分のタケの利用はマダケに依るところが大きかっただけに、マダケの枯死は竹産業の従事者にとっては死活問題だと恐れられたのである。

こうした時期、追い討ちをかけたのがプラスチック製品の開発と台頭であった。まず、この新製品は美しさ、軽量性、耐久性、低価格などで話題になり、そこにはこれまで竹製品で賄われていた範疇に属する商品が多数含まれていただけに、愛好者が急激に増加していったのである。このことが竹産業界にとって大きな痛手となったのは当然だった。

いったん製品が売れないとなると、伐採も滞りがちとなる。それにもかかわらず、温帯地域の竹林ではタケノコが毎年発生して林内の本数密度を増すだけでなく、既存の竹林の周辺にある日光の照射地には地下茎が毎年数m伸長し、その翌年からは毎年タケノコを発生するので、それらが放置されると、いわゆる放置竹林を形成するのである。もちろん、モウソウチクやマダケといった大形種では2か月前後で15～20mは伸びるので、放置すれば草本植物や低木類の生長に影響を及ぼすことになるのは避けられない。

●今後の管理方法

これまで竹林を所有している地権者にとって、タケは社会的にも「持続可能な有用資源」であり、これを売ることで家計の収入財源の一つとなっていたものであった。原材料の必要性低下から買付人が来なくなったことや、竹林の所有者や家族の高齢化や不在地主化などで実質上の管理ができない場合には、是が非でも人材を雇用して放置責任を果たすことを考えなければならない。

こうしたときの対処方法として、いくつかの放置竹拡大地阻止の手法を提案してみたい。いずれの方法も温帯性竹林に適応可能である。

①**皆伐方式**：拡大地域に新たに発生してきたタケノコもしくは竹稈をできるだけ早く、枝葉が出るまでに皆伐すること。ただしこの場合は、地下茎が拡大地内にすでに存在しているため、毎年同じ作業を繰り返すことが必要である。

②**除草剤散布方式**：拡大地域全体に除草剤を散布する方法であるが、その後の土地利用によって食用とする植物（野菜や果樹）を栽培する際は再生可能な除草剤の種類を前もって検討する必要がある。①と同様に数年間はタケノコの伐採を繰り返すこと。

③**溝掘り方式**：手掘りまたは機械で既存の竹林の周囲に幅、深さ共に50㎝の溝を掘って、地下茎の拡大を阻止する。溝掘り中に地下茎が現われた際はすでに地下茎が拡大地内に入り込んでいる可能性があるので、拡大地域内から発生してきたタケノコはできるだけ早期に掘り採ることが必要である。この方法は確実に拡大阻止ができるものの重労働である。

タケノコは常に地下茎から送られてくる養分によって生育するので、拡大阻止を行なうためには新しい地下茎が延伸する部分を見つけ次第、切除する必要がある。これは地下茎に送られる栄養源が、前年までに生長したタケ（地上茎）の葉で行なわれる光合成による有機物や地中の根茎から得られる無機物などで補給されるからである。

なお、健全な竹林の育成には老齢竹、とくに枯損しているタケはもとより倒れているタケは切除することが必要であり、同時に本数管理も行なうことが大切である。

●持続性と再生可能な竹資源活用

ほぼ半世紀前のわが国では持続的で再生可能な資源がほとんどなく、必要な品物はできるだけ代替品に頼っていた。その一つが木材と竹の関係である。この両者にはいくつもの補完できる部分があった。例えば木材は利用可能となるまでの成長期間が長かったが、竹は毎年タケノコを発生するので極めて便利で、しかも、たとえ伐採しても再生可能で持続的な資源だけに、重宝されたのであった。この点は、いま改めて見直されなければならない。

竹林が放棄されている最大の理由は、竹産業の低迷が原因で、業者が生産者のもとに資材を買いに行かないからであり、それには竹の特徴を活かした集成材やパルプ資材として大量に加工できるような合理的な竹利用を行なえばよいであろう。かつての竹炭や竹酢液にしても、原材料が含有している多様な成分分析とその利用をアピールすれば、普及する余地は多い。見た目にはあちこちで見られる立ち枯れした放置林が気になるところであるが、それほど利用できるタケの現存量は多くない。

もう数十年前のことであるが、ボーイング社から航空機の加工内装材として利用するために、年間３５０万ｔのタケ（乾燥重量）を購入したいとの問い合わせがあった。しかし、当時ですら提供できるタケは年間50万ｔ程度しかなかったのである。

現在、中越パルプが生産している竹紙は、諸事情があるにしろ、集荷量が少なく、タケだけでは日々の生産ができないのが現実であるようだ。いずれにしても、工業化は大量消費が期待できるが、現状のままでは集材や集荷に要する経費問題が課題として残されており、機械化による経費削減が期待される。

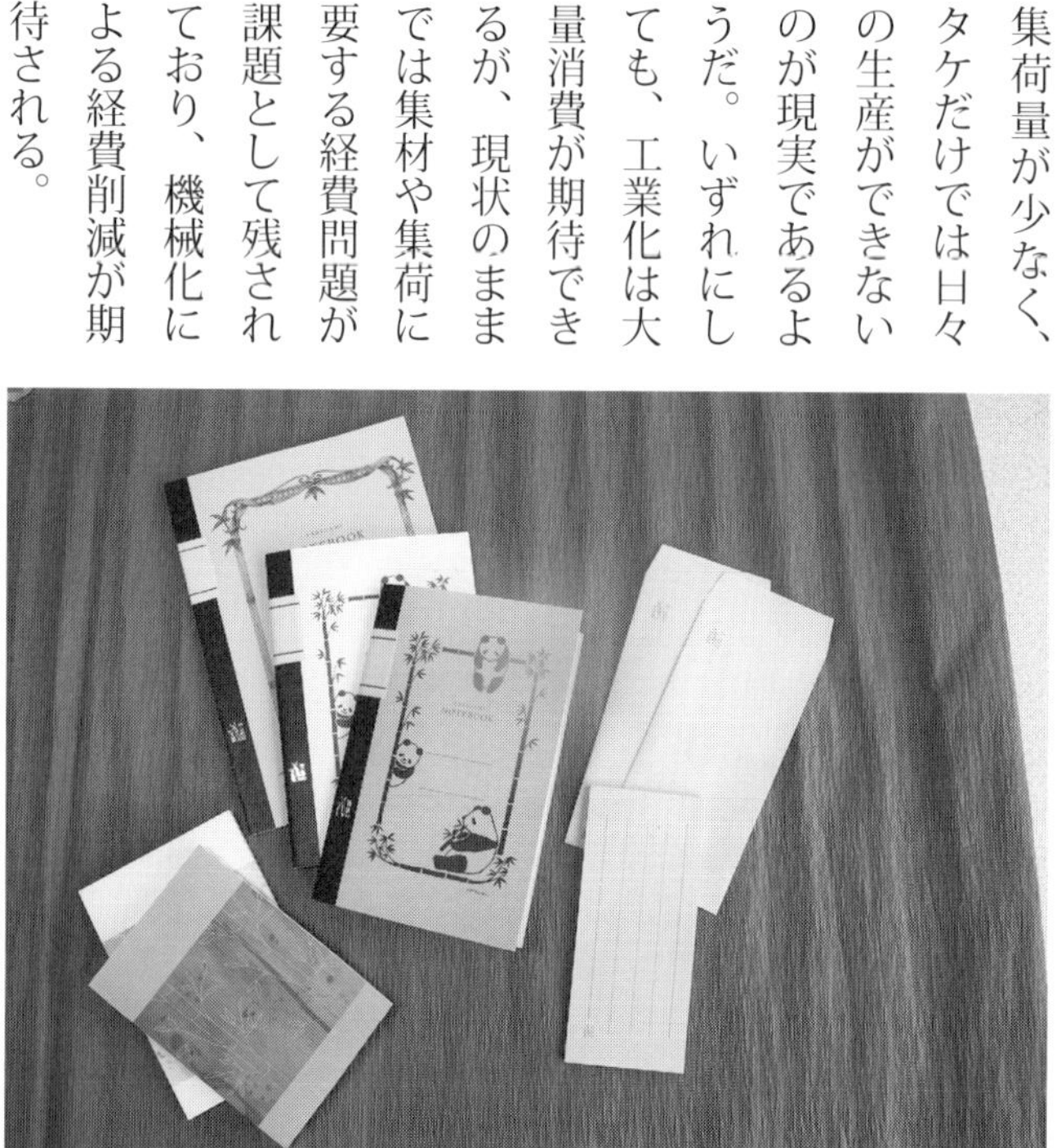
各種の竹紙製品

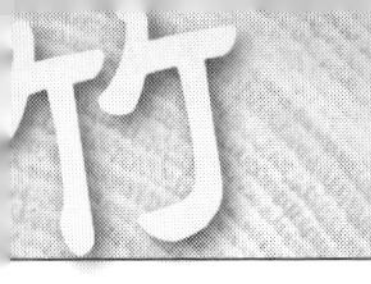

また、これまで数々の商品の材料としてプラスチックが使われてきたが、最近になって廃棄処理上に大きな課題が現われている。この際、自然に還元される植物性の物質が見直されるべきだと思う。

例えば、生活環境を保持できる資材として知られる竹炭や竹酢液は、水質が改善されるだけでなく、畜産業では消臭効果や餌に竹粉末を与えることで飼育に役立てることもできる。前途は洋々である。

（内村悦三）

放置されたタケ林の整備に話題の「タケの1m切り」

月刊誌「現代農業」に「竹の1m切り」の記事が載り大きな反響を呼んだ。「竹の1m切り」とは、冬の間（12月から2月）に竹を1mの高さで切っておく。すると、春に切り口から溢れるほどの水を吸い上げて体力を使い果たすためか、切った竹はもちろん、地下茎まで枯れてしまい、しつこく広がる竹を根絶やしにできるという技術である。

同誌2009年4月号や2010年3月号で紹介されて、大きな反響を呼んだ。この方法は、タケが水を吸い上げる2月までに切るのがコツ。ただ、寒い時期にタケを切るのはなかなかたいへんだ。そこで春先になって5、6mに伸びたタケノコで1m切りして効果があったという報告も出てきた。

（編集部）

● 竹の編み方　いろいろ ●

（近藤幸男　写真：小倉隆人）

八ツ目編み

八角形の形をした編み方で、底が長方形の籠ができる

笊編み

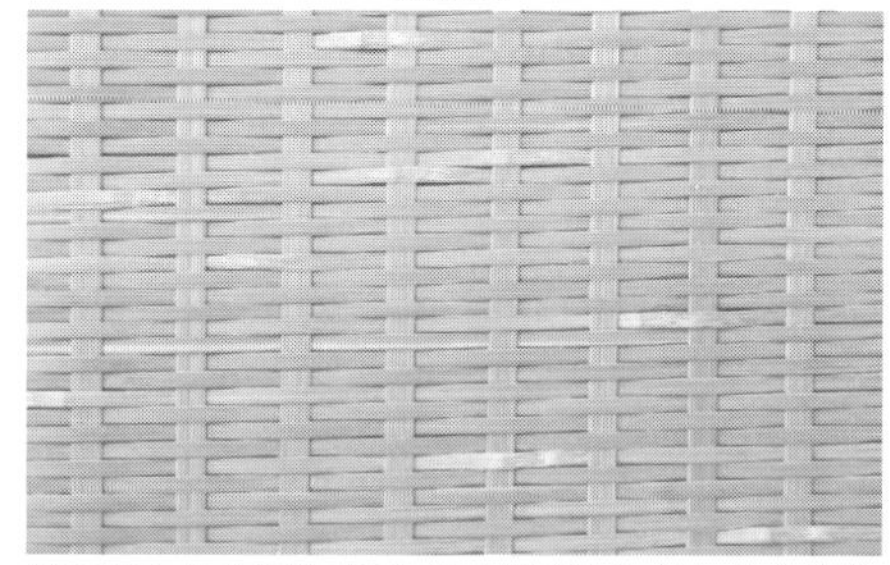

笊に使われる編み方で、この応用でいろいろな編み方もできる

輪弧(りんこ)編み

籠の底を編むのに使うもので、中央に輪ができる編み方

鉄線編み

六ツ目編みの変化したもの。六ツ目編みよりも目をつめて編むことができる

麻の葉編み

六ツ目編みの応用で、正三角形のくり返しが美しい編み方

菊底編み

底が丸い籠の、底の部分に使われるもので、菊の花に似ているのでこの名がある

三本網代(あじろ)編み

代表的な網代編み。いろいろな形や用途の籠に使われている

3章

タケ利用の歴史

わが国におけるタケ利用の歴史

●タケの文化圏

世界の国々の中でも決して国土面積が広いとはいえないわが国は、それでも幾分東西に拡がりながら、同時に南北にも腕を伸ばしているような形をつくっている島嶼国である。

その大部分は温暖湿潤気候から成り立っているものの、南は南西諸島の熱帯雨林気候(亜熱帯)から、北は北海道や東北地方の標高の高い地域には冷温湿潤気候(亜寒帯)さえも存在している。また国土全体を俯瞰すると気候は温暖で、年間を通してどこかで何らかの草本植物や木本植物が美しい花々を咲かせており、「花綵(はなずな)の島々」(細いひもに花を結んでつくった花綵のような島々)とも呼ばれているほどである。

一方では、古くからさまざまな日本文化にタケが多くかかわってきたことから「タケの文化国」とも呼ばれ、同時にヨーロッパや北米に住んでいる人々からは、南アジアから東アジア一帯にかけての国々について、好意的な愛称として「タケの文化圏」とまで称されるほどの地域になっている。それというのも、子どもの玩具から各家庭が使っている生活上の日用品、建築材はもとより、寺社の祭事や日本文化の一つである茶道や華道にも竹製品がいくつも見られたからであろう。

ところが、このタケの文化圏に住んでいる人々にとっては、タケという共通した植物が常にどこでも生育しているだけでなく、何かにつけて利用しやすい材料だったため、無意識のままに、各民族の生活や文化に思いのほか深くかかわってきた。なかでも日本や中国では、長い歴史のなかで得られた数多くの民芸品や民具に止まらず、あるときはササ類までを駆使した広義の竹文化を随所に創出してきたという歴史がある。

●日本の歴史と竹利用の変遷

では、日本にはいつ頃からタケが生育し、利用されていたのであろうか。5世紀頃になると、わが国独自の漢字である国字ができた関係で、それ以降は数多くの書物が編纂されるようになっただけでなく、近年各地で発掘される遺跡の出土品を通じて、色々な事実を検証することが可能になった。日本最古の歴史書といわれている『古事記』(8世紀初期に編纂)には神代の時代から推古天皇の600年代までのことが書かれており、また『日本書紀』(8世紀初期に編纂)には持統天皇の700年頃までの皇室に関することが書かれている。その後のことについては『続日本記』『日本後記』『続日本後記』へと受け継がれ、平安時代までの様子を知ることができる。

ところで、タケに関するわが国での活用の歴史を知ると同時に、タケがどのように日本人の生活や文化の中に取り込まれ、活用され、発展してきたのかについても、いくつかの記録や逸話を交えて、ごく概略ではあるものの本項で述べておきたい。しかし、関係する文献を調べている間に、資料によって少なからず齟齬が存在していることに気付いた。しかし、ここは厳密な歴史検証が目的ではないので、多少の相違があることは承知のうえで、日本の歴史のごく大雑把な流れのなかで、タケと日本人のかかわりを押さえてもらいたいと思う。この点について、厳密な歴史考証を求める向きにはご理解いただきたい。

◇原始時代（先土器・縄文・弥生）

さて、『古事記』の上巻にはこうある。イザナキノミコトは国造りが未だに終わっていないことを、出産がもとで亡くなってしまった妻のイザナミノミコトに伝えるべく、黄泉の国の彼女の家に訪ねた。見てはいけないという約束を破って、無数のウジ虫が動き回っているイザナミの腐乱死体を見て恐れおののいたイザナキがその場所から逃れようとしたところ、彼女は「（イザナキが約束を破ったために）よくも私に恥をかかせた」と責め立てて、魔女たちにイザナキを捕まえるべく追跡させた。追われる彼は右の角髪（髪を真ん中で2つに分け耳の辺りで先を輪に結ぶ古代男性の髪型）に挿していた聖なる爪櫛の歯を1本折り取って、追手の魔女らに投げつけたところ、それがタケノコになって生えてきたために、魔女たちがそれを引き抜いて食べている間に逃げのびたという。

また『日本書紀』には、ニニギノミコトの妃、コノハナサクヤヒメが皇子を出産した際、「へその緒」を竹刀で切り、その刀を逆さまに土中に挿したところ、芽が出てサカサダケになったとも書かれている。このサカサダケに関する碑が今も鹿児島県南さつま市に史跡として残されていて、そこには現在熱帯地域を原産とするホウライチクが育っている。挿しタケが可能なのは通常、熱帯性タケ類であることを考えると、果たしてどのような種類のタケが竹刀に使われていたのか興味あるところである。また、へその緒を切る際も、男子なら下枝が2本のメダケを、女子なら下枝が1本のオダケを用いたことも記載されている。ただ、ここでいうタケの種名は現在使われているものと一致するものではなく、逸話自体も現代の科学では容認される記述ではないが、当時、すでにこうした記事が残されていたことには大きな意味があるといえよう。

このほか、天岩屋戸伝説ではアメノウズメノミコトが天の香具山のササの葉を束ねて手に持ち、乱舞したことも記載されている。これらの諸事から日本にはかなり古い時代にタケ類がすでに生育していたことを窺い知ることができる。当時はまだ金属で刀がつくられていなかった時代だっただけに、錆が生じないでしかも薄く削ることができる竹が、刃物として用いられていたのであろう。

◇縄文時代（紀元前1500年〜紀元前300年頃）

青森県八戸市の是川遺跡、同県つがる市亀ヶ岡遺跡の泥炭沢からは、縄文時代の竹製の笊や櫛が発掘され、祭祀具とみなされる竹玉（竹管）も出土している。ほかの場所からは竹箸も発掘された。このほか、ネマガリダケの化石が秋田県花輪市で、さらにメダケの化石が鹿児島県霧島市隼人町で出土している。この縄文時代になると福井県若狭町、熊本県宇土市などでも縄文前期当時の竹籠が見つかっている。

編み方も縄文時代には、網代編みからザル目編みの籠まで見られ、曲げやすさや耐久性だけでなく、通気性にも優れていたため、農家や各家庭で重宝されていたものと考えられる。当時の女性にとって竹製の櫛はとても大切な品だったらしく、各地から多数の櫛が出土している。また、この頃にはすでにタケノコが山菜として食べられていたことも明らかになっている。

◇弥生時代（紀元前300年頃〜紀元後300年頃）

大陸文化の影響を受けて金属器や銅剣、銅鐸、鉄器などが使われ始め、水稲栽培が行なわれるようになった時代で、大阪府八尾市の山賀遺跡では今から2230年前頃の筌（うけ）（筒状に割り竹を編んでつくった魚をとる道具）が見つかっただけでなく、福岡県春日市の遺跡からも少し形の変わった筌が見つかっている。さらにこの頃になると、静岡県の登呂遺跡やそのほかの遺跡からも、笊、籠、箕などの竹細工や漁具、農具といった民具はもとより竹筏まで出土している。これほど各地で色々な竹製品が出土していることを考えると、タケはかなりあちこちに生育していて、思いのほか誰でも勝手に採取できたのではないかと考えられるのである。

山賀遺跡で出土した水道管の筌

◇古墳・飛鳥時代（300〜700年頃）

この頃は各地に古墳がつくられ、統一国家成立に向けた動きが顕著な時代で、弥生時代と重なるとの考え方もある。この後、飛鳥地方を都とした6世紀末から7世紀前半にかけての飛鳥時代や、律令の制定、記紀編纂の開始、万葉歌人の輩出、仏教美術の興隆など唐文化の影響を強く受ける白鳳時代へと移っていく。

この時代の竹細工には、竹櫛が各地から出土し、矢やそれを

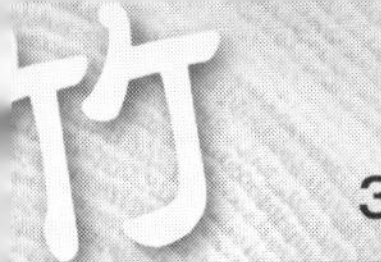

入れる竹筒を持ち歩く武士の絵も数々残されているほか、今日でも用いられている六ツ目編みも行なわれていたようである。

◇平城京（奈良）時代（710〜784年頃）

美術史では前半を白鳳時代、後半を天平時代と呼んでいる。初期に『古事記』や『日本書紀』が書かれ、後期には『万葉集』が編纂されている。さらに最澄や空海らが天台宗や真言宗を興し、法隆寺をはじめ、各地で寺院が盛んに建立された時代である。

この頃になると経典を巻くマダケ製のすだれ状のもの、花籠、筆、杖などにハチク、マダケ、ホテイチク、メダケ、トウチクなどが使われているほか、笙、尺八、横笛といった楽器類にも竹材が使われている。武具にも竹が用いられており、当時の竹製品の多くは文化遺産として今も正倉院に保存されている。また、これらの製品には唐からの技術移転が行なわれただけでなく、数多くの竹製品も輸入されていたようである。

◇長岡京時代（784〜794年頃）

奈良から京都への遷都が行なわれるまでの10年間は、京都市の西にある長岡の地に仮の都が置かれていて長岡京と呼ばれていた。1969年、現在の長岡京市内の大内裏の東端にあった、今ならさしずめ警備員といった任務を持つ人たちの兵舎跡の遺跡からは、排水溝として使われていたマダケ（ハチク説もある）が見つかっている。

伝統的な古典楽器の演奏

長岡京での発掘の様子

排水溝に使われた竹の遺跡

◇平安時代（７９４〜１１８５年頃）

『竹取物語』『日本紀』など数々の史書が編纂されたことは前に述べた通りであるが、それというのも国字ができて仮名文字が存分に使われるようになってきたからであろう。そして和風文化といわれる藤原時代が続いた時期でもあり、竹製品などに関しての特別な記録は残っていないものの、茶道、華道、武道なども始まり、竹製品が庶民の生活にかなり普及していたことが、当時に描かれた屏風絵などでも十分に知ることができる。

◇鎌倉・南北朝・室町・戦国時代（１１６１〜１５７２年頃）

平安時代の後半になって台頭してきた藤原氏一族から、政権を奪った武家の平氏の時代。その後の源氏、北条一族による鎌倉時代を経て、京都と吉野に朝廷が並び立つ南北朝時代、さらに足利氏が京都の室町に幕府を置いたあとの室町時代と応仁の乱以降の戦国時代を含む４００年くらいの時期である。戦乱に明け暮れた時期ではあったが、茶道や武道の文化などが発展し、使われていた多くの竹製道具類が見つかっている。

この時代は、神社・仏閣とそこに造られていた数々の名庭園が武士の権力争いのために破壊された。戦乱のなかで破壊された建造物には、後に有名になる鴨長明の方丈庵などもある。現代版の竹製プレハブ住宅とでもいわれそうな方丈庵が有名になった理由は、急場でも、軽くてしかも折りたたんで移動できるというアイデアに富んだ竹製の建築物であったことにある。この時代には、羽箒、茶筅、露地下駄などの茶道具のほか、尺八、篠笛、篳篥（ひちりき）、笙（しょう）などの古典楽器、熊手、魚をとる筌（うけ）、釣竿などの小道具類や笊、籠、竹筒、行李、箸、柄杓など日常の雑貨品、さらに農業資材にも竹材が原材料として広く使われていた。

◇安土桃山時代（１５７３〜１６００年頃）

前半の10年間は織田信長が支配した安土時代であり、後半の20年間は豊臣秀吉が実権を握っていた時代で、城郭や寺院の建築は進んだものの、戦乱の跡が各地に残された時代だったといえる。このため文化的な遺産そのものには見るべきものが少ない時代だったともいえる。ただ、この頃すでにマダケ、ハチク、メダケなどを細割とし、また、丸竹のままで木舞竹（こまいたけ）として土壁の下地に使い、壁の補強に用いられていたことも明らかになっている。

◇江戸時代（１６０３〜１８６０年頃）

この時代は、徳川家康が征夷大将軍になってから徳川慶喜が大政奉還するまでの２６５年間で、商工業の発展、町人文化の発達など、あらゆる分野の進歩によって社会全体が近代の飛躍を準備した時代ともいえる。竹はさまざまな分野に進出し、加工技術や利用面でも大きな発展を遂げ〝竹文化〟が開花した。とくに祭事道具、和風建築、生活用品、農林漁業の用具などで広く使われるようになったのである。

◇明治から平成までの近・現代（1867〜2018年）

明治時代以降現在に至るまでの竹製品の利用には、この時代の政治や社会の状況が大きくかかわっていたといえるであろう。例えば、明治から昭和にかけて大きな戦争があり、しかもそれが時代を追うにつれて次第に熾烈な国家間の争いに進展していった。とくに昭和になってからは、戦争によって国内で必要とされる資材が年々減少していったために、竹を使った日常生活用品の開発が一段と求められるようになった。そのため昨今では考えの及ばないような竹製の民具や遊び道具、日常雑貨品などが開発され、利用されたのである。

竹の集成材を使った社殿

一方では戦後、伝統的竹工芸品は日の目を見ることができないほどの時世になってしまった。竹産業界にとって不運だったのは、1965年頃にマダケが開花するという現象が発生し、マダケの枯死が全国的に発生したことである。この事態と相まってプラスチック産業が台頭し、プラスチック製品が急速に竹製品に取って代わって普及したのである。本来、日本の農家の手作業として、また副業としてつくられてきた多くの竹工芸品や竹製品も、中国産やベトナム産の安価な輸入製品に抑え込まれて現在に至っている。

ただ、木材工業の発展に誘発されて、竹でも集成材やパーティクルボード（竹の小片を接着剤と混合し、熱圧成型した木質ボード）がつくられるなどして、竹の新たな用途が開発され、竹産業界に大きく寄与することになった。

アジアで見られる竹工芸

本章の冒頭でも述べたように、アジア地域は「タケの文化圏」という愛称で呼ばれるほどであり、各国には今も多種のタケ類が生育している。そこに住んでいる多くの民族は、使い勝手のよい竹製品を創出しては、生活に利用することによって、竹の文化を構築してきた。それぞれの国に立ち寄って彼らの生活に触れてみると、確かに竹製の生活工芸作品ともいうべき製品が、生活用品として利用されている様子を至るところで見ることができる。ここではそのあらましとともに、私なりの印象を述べてみたい。

●中国

この国でタケが生育しているのは、年間の平均気温や月の平均最低気温ならびに年間降水量などから推定すると、華東区の北部に当たる江蘇省、中南区の河南省、西南区の四川省などから南の地域とみなされる。これらの地域よりも北部は冬期の寒さや降水量不足から、西北区の陝西省以西では降水量不足から、タケの生育は困難だと考えられる。上記のタケの生育地域のほとんどには温帯性のタケ類が生育しているが、雲南省、広東省、広西省など南部の低地には、熱帯性のタケ類が幾種類も生育している。

中国の伝統文化の中では、タケは帽子や服などに始まって筍料理などの食品や扇子、傘、箒、笊、水筒、竹釘のほか、机などの家具類、竹槍、矢、竹刀といった武具、書画に使う筆や紙といった道具のほか、楽器などあらゆる分野にタケが使われていて、このタケによって中国の文化ができたとまでいわれる。なかでも鳥籠、タケの根を造形した根茎彫刻などは、中国の伝統的な竹工芸品の一つとなっている。

地下茎を利用した竹工芸(中国)

●台湾

台湾で竹工芸が盛んなのは竹山、台南、関廟で、竹家具の材料の多くはケイチク(桂竹、タイワンマダケ)であり、これはモウソウチクよりも低い標高800m以下に生育している。竹製家具が盛んにつくられたのは、日本の占領下にあった昭和の初期だったようで、その後は減少傾向にあるといわれている。家庭の諸道具には竹製のものが多く、机や椅子に至っては、かなり上質のものが各種販売されていた。それというのも、もともと中国本土の竹文化の影響を多く受けてきたからだと考えられる。

●フィリピン

1975年からフィリピンの林産研究所で「熱帯性タケ類の研究」を行なうために2年間滞在することになったので、その滞在期間中、ルソン島とそれに次ぐ大きな島々の6島について、生育しているタケの分布状況を調査することができた。その後もたびたび出かける機会があり、結局、延べ3年以上滞在したが、当時の農家や一般家庭で日常に使う竹製品には、笊や籠の類や食器、小道具は見出せても、伝統的工芸品と呼べるほどのものは見ることができなかった。

フィリピンの竹工芸

ただ当時、竹細工専門の日本人海外協力隊員や、日本でも著名な竹工芸の専門家がマニラ市内に派遣されて、現地の人たちに竹細工の研修指導を行なっている場面に出くわすことができた。当時のフィリピンにおける竹工芸の水準は、これが実態であった。その成果は、写真にもあるように展示場に並べられるほどとなり、販売コーナーでは欧米人が購入しているのをしばしば見る機会があった。その後どれほどよい竹製品ができるようになったか、興味深いものがある。

●ベトナム

ベトナムの首都ハノイは、文化と政治の都市といわれるだけあって市内の人口は多く、バイクや車で移動する人の騒がしさに驚かされる。これに対して南のホーチミン市は商業都市だけに、多少はハ

竹でつくられた楽器（ベトナム）

竹でつくられた農村の住宅（ベトナム）

ノイと違った躍動的な活気のある姿を印象づけられる。両市とも街中を歩いているだけではタケ林に出合えるわけもなく、ハノイ市の植物園に行っても大してタケのコレクションがあるわけではない。ところが、街なかで人々が物を運んでいる姿を見ていると、天秤棒の前後に竹籠をぶら下げていることが多い。また、漁港などでも魚を浅い竹籠に入れて運んでいるのを見ることができたので、意外に生活用具としての利用が多いのではないかと思われた。

聞くところによると、ハノイより北部の街に行くと、竹籠の産地があるということだったが、そこでつくっているのは、運搬用の竹籠や少し深い竹製の野菜籠のみらしかった。また、ホーチミン市内の竹材店での売れ筋は、竹製の東屋だということであった。しかし、背負い籠や手提げ籠、竹製のお盆などの工芸品が店頭に並んでいる店があるところを見ると、工芸品がないわけではないが庶民向きではないようである。

●マレーシア

マレーシアでは、タケのほとんどが標高1000m以下に生育しているといわれているだけに、タケの利用も幅広い。タケノコは食品、葉は金属鋏の研ぎ用材（ペーパー）として、また太い稈は、建築資材や家具のほかに笊や雑貨品として使われているだけでなく、いくつかの楽器にも利用されている。さらに資材運びの筏や舟、漁具、さらには農具としての利用もある。高級な竹工芸は、4本脚つきのバスケットやおしゃれなバスケットなどその種類は多い。アイデア的な工芸品として貯金箱などもつくられている。

●タイ

タイで、タケが多く分布しているのは北部から東北部で、その多くは生活用具に使われている。調理器具や食器、農用具、狩猟の際の捕獲具、運搬具などである。一方、西

路上での竹製品売り（タイ）

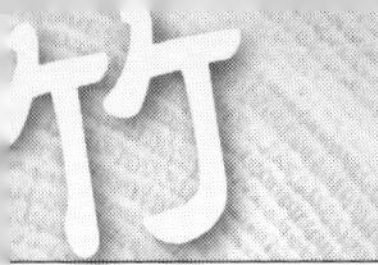

部でも大量のタケ林を見出だすことができるが、西部では乾季もあって別の種(*Thyrsostachys siamensis*)が生育しており、その多くは製紙用に使われている。帽子、染料で染められたバスケットなどもあるが、工芸品といえるところまでには至っていない。

●ミャンマー

ミャンマーでのタケの分布は、ほぼ全国的に拡がっている。国内のほぼ中央を二分するように縦走しているアラカン山脈によって、気候が異なっている。山脈の東側を流れるイラワジ川上流の左岸に拡がっている北西部地域では、降水量も多く、概して大径のタケ林が分布している。これに対して同山脈の南西側一帯には、小径竹が分布している。竹の工芸品として帽子、扇子、ショルダーバッグ、家事用具などがあるが、多くは建築材として利用されている。

竹製品の移送風景(ミャンマー)

●ラオス

ラオスの民家の床下に、農具や篭が吊り下げられているのを見ていると、いかに多くの農具や民具に竹が使われているかがわかる。地方の農家では、当然ながら建築資材としても竹材が多用され、柱材や内装のみならず、外装の壁面などにも盛んに使われている。

ラオスの農家建築

ただ、それほど繊細な工芸品レベルの作品を見かけることはなく、現段階では用具、とくに農家での民具の利用が中心のようである。

●インドネシア

インドネシアの特徴は、多くの島々がそれぞれの文化を多かれ少なかれ持っていることではないか。それほどに、島によって雰囲気が異なっているのを感じる。例えば竹工芸一つを取り上げてみても、セレベス島では竹建築で有名な船形屋根を持つ「トコナン造り」の建築が有名であり、ジャワ島では竹製の机や椅子があるだけでなく、色々な竹家具を見ることができる。なかでもバリ島には、島の中央部にあるジャパラの街の名に由来するジャパラ竹籠があり、ここでは細かく編み込まれた背負い籠だけでなく、大きさやデザインの異なった製品を数多く見ることができる。バリ島には観光だけでなく、お土産品に値打ちのある竹製品があるのは意外と知られていない。

竹製の帆船模型（インドネシア）

竹製のテーブル（インドネシア）

●韓国

韓国の竹栽培は、全羅南道と全羅北道および慶尚南道と慶尚北道の一部に限られていて、全羅南道の北部にある潭陽（タムヤン）には美林がある。当然、竹工芸品の製品もこの地域に限られている。土産になるレベルのものは、竹製の簑笠、扇子、暖簾（のれん）、櫛などであるが、それらですら現在まで伝承されているものは少ないともいわれている。ただ、タムヤンには竹の博物館があるだけに、そこに展示されている作品に魅せられて、今後、竹工芸に興味を持つ人が出てくる可能性は高いと思われる。しかし現状では、必ずしもそこまでは至っていないようである。

以上見てきたように、アジアの主要国でつくられている高級な工芸品のほとんどが、日本の一般家庭で、来客があった折に使用する程度の器や、多少緻密なつくりの籠、笊、盛り籠や、女性用のバッグ類である。わが国の伝統工芸作家が手がけているような高度な作品を見ることができたのは中国のみで、それ以外のアジアの国々ではあまり見る機会がなかった。

（内村悦三）

4章

竹工芸に利用するタケ・ササの種類

温帯性タケ類の5属17種

竹工芸や竹材を用いた創作品づくりに着手しようとする場合、まず、紙面上にデザインを描き、その後に完成品を頭の中で想像するであろう。その際、原材料としてどのようなタケの種類を選択し、どのように編んだり割ったりしていくべきかを考えつつ、指先にもその思いを託すであろう。その際、木材と違って、タケだけが持っている特有の物理的特性が重視されるのはいうまでもないことである。したがって、ここでは竹工芸の原材料として必要不可欠なタケの種ごとの特性を取り上げて、そのポイントを述べることにする。

温帯性タケ類は、地下茎が単軸分枝するために、タケノコは地下茎の節に付いている、充実した芽子の発芽によって生育し、稈となるので、全体には散稈状となり、生長後ただちにタケの皮が落下する一群のタケ類である。

●マダケ属（Genus *Phyllostachys*）

概要：ここに属する種のほとんどは、アジアの温帯地域に分布している。しかし、熱帯地域や亜熱帯地域でも、標高の高い場所ではいずれも導入された種が、その場所の自然環境の一つである気温や雨量に適応して分布したと考えられる。その例は台湾、ブラジル、フランスなどで見ることができる。

いずれも長い地下茎があって単軸分枝をするために地上では散稈型のタケ林となる。染色体数はいずれも48個で4倍体である。一般に大形から中形種で葉は網目状となっている。またタケの皮は生長の終了とともに離脱する。本属のタケには品種や変種が多く、工芸品の製作材料となる有用種が多い。

◇モウソウチク（孟宗竹、江南竹、毛竹、カラタケ、カラモソ）

学名：*Phyllostachys pubescens* Mazel ex Houz.

分布：青森県、岩手県の南部から九州南部までの日本各地の低山地帯に分布している。いずれも植栽されたものが繁殖して拡大したもので、国内の種では最も生育面積が広い。最北地としては函館市内の公園に植栽地があるほか、海外ではアメリカ国内、台湾、ブラジル、フランス、そのほかのやや標高の高い温暖地に植栽地がある。

産地：中国の黄河以南の地域。日本には中国より移入されたものだけでなく、日本にも古来から生育していたと思われる歴史もある。

生育適地：透水性のよい平坦地、もしくは緩傾斜地の壌土の土地か多少粘土質を含む淡い黄褐色土壌の土地。

形状：太いものは直径15cm、長さ25mにも達し、温暖で降雨量が多い地方ほど大きく生育する傾向があり、概して鹿児島県や和歌山県で大きく育っている。また、葉の形状は大形種の中では小さく、それだけに稈1本当たりについている枚数は数万枚に達する。それにしても、わが国に生育している種の中では生産性が最大のタケである。ただ困ったことに、近年のタケ林の保全管理不足による拡大タケ林をもたらせていることでマイナスの話題を呼んでいる種でもある。

特徴と利用：形態上の特徴としては稈の形状が大きい割に節間長が短く、材質部は厚くて硬く、節は一輪状で節の下側をとり巻くように白いワックス状の物質が発生後の数年間付着していることと、稈の先端部がやや垂れ下がったようになっているのが特徴である。どちらかというと工芸用の素材としてよりは、建材、竹炭材、農業資材として利用されている。

モウソウチク林

古くから生産されている人工四角竹は、タケノコの成長期に四角で長い板枠をはめてつくり、これに人工の斑紋を酸性の薬品で付けた稈を磨いた後に床間の飾り柱や床柱として活用している。最近は細い板状に縦割りした材を集成加工して集成材とし、フローリングや壁面材としてだけでなく、各種の家具や箱物などにして利用している。また、モウソウチクの太い稈は、華道の花入れや生け籠、花籠、茶籠、買い物籠、色紙掛、扇子、団扇、御簾、簾（すだれ）、魚籠（びく）など生活工芸品として使われたり、編み方を異にしてより繊細で高度な技術を駆使して工芸作家が創作されるほどの作品も数多く創られている。

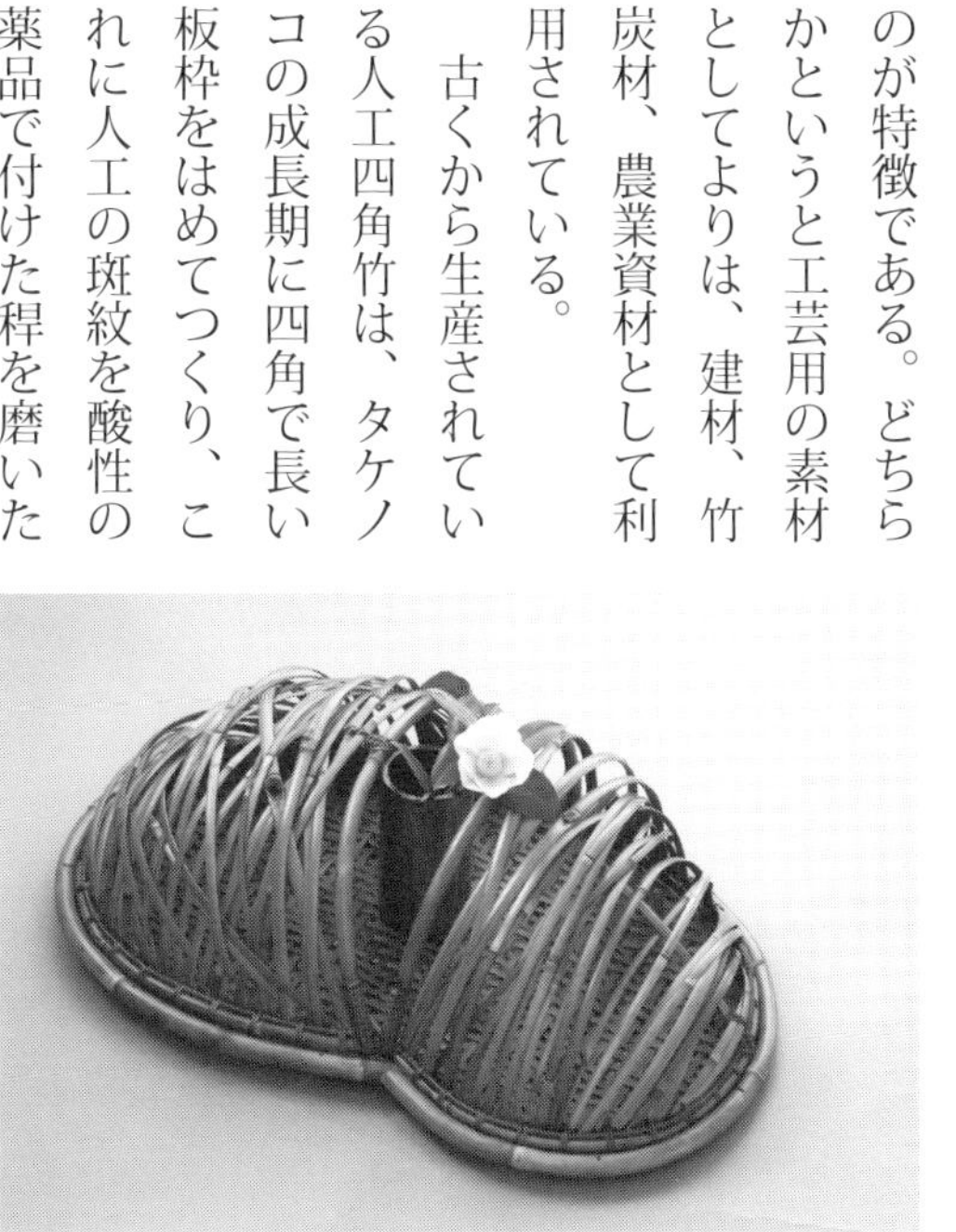

日本の工芸品の一例「燻煙竹の花籠」（写真：近藤幸男）

今世紀になって集成材が生産されるようになってからは、家具材や小作品にも新たな作品が見られるようになっている。さらに、モウソウチクを楽器として利用する場合には、五～六年生の硬くなったものを伐採して利用するのがよい。また、本種でも以前から和紙づくりや洋紙づくりの原材料としても用いられている。とくに創作和紙では、そのデザインや製品に加えられた工芸作家ならではの個性的な作品として評価されている。

◇キッコウチク（亀甲竹、人面竹、ブツメンチク、チンチクタケ、ジンメンチク）

学名：*Ph. pubescens* var. *heterocycla* Houz. De Leh

分布：モウソウチクの突然変異として出現すると、そのまま固定されて生育地を拡大していったが、時折、先祖返りして（もとのモウソウチクに戻ること）モウソウチクを発生することがある。したがって、モウソウチクの生育可能地域内で生育して分布することがあるほかに、突然変異株を植栽することによってキッコウチク林にすることも可能である。

キッコウチク（モウソウチクの変種。京都府向日市）

特徴と利用：稈の各節上で芽子を付けていない反対側の節を持ち上げ、さらにその上側にある芽子を付けた節が下降して、お互いが接した構図を繰り返すことで、それぞれの節間が亀の膨れた甲羅のように見えることから名付けられたのが始まりである。このような奇形は地上高３ｍ程度まで終わり、それ以上の稈は正常の形態に戻るものの、稈の直径は節間長に比べてかなり細くなっている。

本種の利用はおもに造園用の植栽竹となるが和室の床柱や家具、花器などとして利用されることも多い。

◇マダケ（真竹、苦竹、剛竹、ニガタケ、オダケ、オトコダケ、カワダケ、ホンダケ）

学名：*Ph. bambusoides* Sieb. et Zucc.

分布：国内では、モウソウチクの北限よりも、緯度で2度ほど北部辺り（秋田県の中部）から、南は沖縄まで広く分布している。中国、韓国などではほとんど日本と同じような低地で生育することは可能であるが、台湾以南では、気温の関係で南に向かうにつれて、標高の高い土地でなければ、生育が困難になって来る。ごく大雑把にいって、亜熱帯の多雨地帯や中国の華東省辺りまでなら、多少は標高の幾分高いところでも植栽は可能であるが、それ以南の熱帯では、標高４００ｍほどまでの標高地域でなければ気温の関係で分布することは困難である。

原産地：日本および中国。

生育適地：透水性のよい砂質壌土または粘土質土壌を伴なわない土壌などで生育し、やや酸性土壌では、よりよい生育をする。以前は、河川敷に水害防備林として植栽されていて、今もよく繁殖しているマダケ林を見ることができるのは、こうした土質に関係があるからである。

形状：生長のよいものでは、胸高直径は9㎝余りで稈長はモウソウチクよりも短くて20ｍほどである。稈の先端部分は垂れることなくほぼ直立している。また、節は二重で下方部はやや鋭く出っ張っているのに対して、上部側の節はやや山なりに出ている。稈の節間長は、稈の周囲の大きさに比べ長いのが特徴である。また、稈の最下枝は2本で太さは異なっており、枝の第1節間に空胴があるのも特徴の一つである。また、葉の裏面は表面よりも幾分色が淡くて細毛がある。葉の形態は標準的な被針形となっている。

マダケ林。京都大覚寺

特徴と利用：稈には柔細胞に対して多くの維管束があるために縦割りがしやすく、しかも同方向に対しての伸縮がないこと、弾力性や屈曲性も大きいことなどから、割竹にして編んだり、曲げたりすることが容易なために、数多くの編み方を導入することで、同一の目的に使われる作品であっても生活工芸品からより高度な芸術作品まで創作可能な作品ができるマダケだけに、タケ類の中でも、最も重宝されているのが本種だということができる。

多くつくられる工芸品としては盛り籠、盛り皿、銘々皿、茶杓、筆軸、扇子、ぼり受け、屑籠、壁掛け、花入れ、色紙掛けなどがあり、また子どもの遊び遊具としての竹馬、竹トンボ、水鉄砲のほか、お盆など身近な品物には限りなくこれまで使われてきたといえる。

しかし、日常目にするこうした作品でも繊細な、それでいて高度な技法を取り込んだ生活工芸作家も多い。例えば、彼らはマダケで弓づくりをするときは三年生のマダケを伐り、尺八のような楽器をつくるときは四～五年生のタケを伐るといったように、細部にわたって気配りをすることで、レベルの高い作品に昇華させる努力を惜しまないのである。

マダケの皮に関しては表面に黒褐色の斑点はあるが、無毛でしかもタケの皮そのものが薄いために、通常は食品類の包装用として利用されるだけでなく、殺菌性の成分を含んでいることから弁当箱などとしても使われている。

◇カシロダケ（皮白竹、シラタケ、シロタケ、ホシナダケ、シロカワタケ、ハクチク）

学名：*Ph. bambusoides* f. *kasirodake* Makino

分布：マダケの栽培品種で、福岡県南部地方（八女市星野村）では今もこのタケがタケの皮の伝統工芸を維持するために栽培されている。また、マダケの実生苗から得られることがある。

特徴と利用：稈そのものはマダケと大差ないがタケの皮はマダケ以上に質が良く、表面上の黒い斑点がほとんどなく、繊維質で加工しやすく、草履表や馬連としてタケの皮工芸の材料として利用されている。また、カシロダケのタケの皮が白いことから、マダケのタケの皮の褐色部分を相互に取り入れて編んで果物や菓子盆とした、ドイツ人建築家のブルーノ・タウトの作品が有名である。なお、通常は稈が丈夫なことから数珠の珠として加工されている。カキの養殖筏や養殖海苔の支柱として利用することもある。ただ、栽培面積が狭いために生産量も少なく、一部の地域で使われているに止まっている。

カシロダケ

◇キンメイチク（金明竹、金竹、シマダケ、ヒヨンチク、アオバチク、キンギンチク、ベッコウチク）

学名：*Ph. bambusoides* var. *castllonis* (Marliac ex Carr.) Makino

分布：関東地方以西の各地で造園材料として栽培している。群馬県渋川市の森八幡宮境内に生育している本変種は国指定の天然記念物になっている。

特徴と利用：マダケの変種で稈長8

キンメイチク

～10m、胸高直径6～8㎝で、概ねマダケよりも細く小形である。稈の芽溝部（節についている芽の部分から10㎝ほど上までの凹んだ部分）は緑色であるが、そのほかの稈や枝の表皮面は黄金色になっている。そしてこれらの部分の色が逆転している種をギンメイチクと呼び、いずれのタケも造園用の素材として利用されているが、発生後は年の経過とともに表面が退色していくので、毎年新たなタケノコを発生させて更新を図ることが大切である。

◇コンシマチク（紺縞竹）

学名：*Ph. bambusoides* f. *subvariegata* Makino ex Tsuboi

分布：栽培種として育成されているのみである。

特徴と利用：稈長4～7m、胸高直径4～6㎝のやや細いマダケの変種で、最大の特徴は葉の中にさらに濃い緑色の縦筋があることと稈にも濃い緑色の条斑が見られることである。また稀に濃い白条が現れることもある。造園用の植え込みに利用し、マダケ類の中では木質部が厚いことから茶道具や工芸品の材料として用いられる。なお、本変種は開花後の実生苗としてよく発現することがある。

コンシマチク

◇ハチク（淡竹、アワダケ、クレタケ、ワカタケ、オオタケ）

学名：*Ph. nigra* var. *henonis* Stapf.

分布：タケ類の中では耐寒性があるために、山陰や北陸地方の日本海側の多雪地域や高知県、奈良県、北海道南部でも生育しているが全国の栽培面積はそれほど広くない。

原産地：日本や中国。

生育適地：平坦地もしくは緩傾斜地で透水性のよい壌土。土壌は弱酸性が好ましい。

形状：稈長や胸高周囲の大きさはほぼマダケと同様か幾分細い程度で、稈の表面には蝋質物の付着によってやや淡緑色となっている。最下枝の第1節間に空洞がなく、二重になっている節の上側の節輪がマダケ以上に膨出している。また、葉の形状はマダケと同様である。

特徴と利用：材質は緻密で、マダケ以上に縦割りしやすいのでもっぱら茶筅の材料となっている。提灯、御簾用の竹ひごづくり、釣竿などの材料として利用されるだけでなく、枝を竹箒づくりの材料としても利用する。また、タケの皮は赤褐色で斑紋がなく、これで竹皮笠をつくることもある。稈は茶器や花器として利用される。

ハチク

最近では多種のミネラル分を含む食物繊維として販売されている。生鮮食品としての筍は柔らかくて甘みのあることで好まれているが、市販されるほどの生産量はない。雪圧や風圧で倒れやすく、その際に縦割れすることが多いのは維管束が多く、しかも葉がマダケと同様に幾分大きいので、雪圧や積雪による荷重がかかるからである。

ハチクの品種にハチク系とクロチク系とがあり、ハチク系は材が柔らかいために工芸用として利用されることはほとんどない。クロチク系は小形のタケで、発筍初年度は緑色であるが、2年目から稈や枝の表面が黒く変色するのが特徴である。

◇クロチク(黒竹、クロダケ、ゴマダケ、シチク、ムラサキダケ、ニタグロチク、サビタケ)

学名：*Ph. nigra* Munro

分布：耐寒性が強いといわれているが、寒風にさらされる場所での生育は決してよくない。したがって、平坦地よりも排水性と日当たりのよい傾斜地のほか、青森県中部以南や標高200m程度の寒風にさらされない傾斜地で栽培するのがよい。和歌山県日高町、高知県中土佐町のほか、山口県下や京都府下で栽培されている。

原産地：中国。

生育適地：もともと導入された栽培種で自然状態での分布地としては見られない。ただ、右記のような場所でも肥沃地よりも痩せ地のほうが商品価値の高い細い稈が多く生産できるので適地といえよう。

形状：稈長は3〜5m、胸高の直径は2〜3cmの小形である。

クロチク

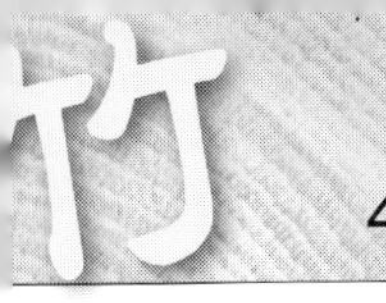

特徴と利用：稈や枝の表面は最初の1年間のみ緑色であるが、月日の経過とともに褐色の斑点が日毎に増えて、2年後には表皮の全面が黒褐色に変わり、そのまま定着する。節は二重でハチクに似て上部の節輪が下部のものより凸状に出張ったようになっている。また葉は稈相応に小形で被針形となっている。なお、稈の先端部は直立している。

本種の利用に関しては、坪庭や狭い前庭でも繊細な枝葉や稈の直立した姿が清潔感をもたらせるとして造園に用いられるほか、工芸品としては稈が丈夫で美しいので軸掛け、床の間の飾り窓の桟など和風建築には欠かすことのできない素材である。また、釣竿や筆軸などにも使われている。ただ、クロチクは立竹状態では発生後数年で表皮の艶やかな黒褐色の色が褪せてくるので、工芸品の創作材料とするには2年目の秋には伐採して早期に油抜き作業を行なってから保存しておかなければならない。

◇トサトラフダケ（土佐虎斑竹、トラフダケ）

学名：*Ph. nigra var. tosaensis* Makino ex Tsuboi

分布：高知県須崎市。

原産地：高知県内。

生育適地：限られた地域内に発生するが、斑紋の出方には個体差が見出される。特別な生育要因は明らかではない。

形状：クロチクの変種であるが形状はハチクに似て中形種となっている。

トサトラフダケ

特徴と利用：稈の表面に黒褐色の斑点が縦状に並ぶように付いているが、油抜きを行なっている最中に浮き出るように現れることもあるといわれている。タケノコはハチクと同様に6月中旬以降に発筍する。利用には高知県特産の袖垣、縁台、籠類など日常生活と密着した小物の材料として使われることが多い。また、クロチクの品種としてウンモンチク（*Ph. nigra f. boryana* (Mitf.) Makino）が兵庫県北部の丹波市周辺で採取されるが斑紋自体が発生するのはタケノコ発生後3年以降である。利用としては茶室の床柱、衣紋掛、茶器、天井板などに使われる。また、同様にローカルな種類として、それぞれが生育している地域名を付けた品種に、褐色の長楕円形状の斑点をしたタンバハンチクや褐色で楕円形の斑点をしたヒュウガハンチクがある。

◇ウンモンチク（雲紋竹、ハンチク、ハンモンチク、タンバハンチク）

学名：*Ph. nigra f. boryana* (Mtford) Makino

分布：兵庫県北部の丹波市周辺。

原産地：同右。

生育適地：林地の管理は除草を年一度行なう程度で、施肥などは行なわずにむしろ粗放な取り扱いで済ませる。

形状：ほぼハチクと変わらない。

特徴と利用：稈には紫褐色の大きな斑紋がタケノコ発生後の数年目にいくつも現われて完成する。ただ稈基には少ない。こうした理由から利用に際しては4年目以降に伐採するのがよい。また、このタケの価値は斑紋をどのように活かすかによって変わるといわれている。利用には茶室の床柱、衣紋掛、建築材、茶器などがある。

ウンモンチク（ハチクの変種、大阪府文野市）

◇ゴマダケ（胡麻竹、ニタグロチク、サビダケ）

学名：*Ph. nigra f. punctata* Nakai

分布：以前は京都市郊外や京都府の日本海側のタケ林内で見つかっていたが、四国や九州でも見ることができる。

生育適地：特記することはない。

形状：形状はハチクに類似している。

特徴と利用：稈の表面に黒点が散在し、稈や枝がクロチクよりも大きくなるが、庭師にいわせると優美さに欠けるとして評価されていない。ハチク林内で時折発現することがある。造園用のタケとしては好まれないものの工芸用の素材としてよりはむしろ茶室の窓枠、桟などとして利用されることがある。なお本種は人工で菌を繁殖させて作出することが可能である。

ゴマダケ

◇ホテイチク（布袋竹、人面竹、仏眼竹、ゴサンチク、コサン、クレタケ、フシヨリダケ）

学名：*Ph. aurea* Carrière ex A .Rivière C. Rivière

分布：本州中南部以西の温暖な低山帯に16世紀頃に中国より導入したものが帰化して定着したが、その後、四国、九州、沖縄などの河川敷や里山で野生化しているだけでなく亜熱帯地域や熱帯の高地で観賞用に栽培しているところもある。

原産地：中国。

生育適地：マダケが栽培できるような場所であれば栽培可能である。

形状：稈長は8〜10ｍ前後で胸高直径5㎝ほどの中形種である。稈の基部付近の節間が圧縮されたように膨れたり、節が傾斜したり水平だったりの奇形を示しているかと思えば節間が長くなったりしていて、五三竹（ごさんちく）と呼ばれるほど同一の稈を見出すことができない。異形の原因は節部の隔壁に厚膜細胞ができるため、正常な発達を阻害するからだと考えられている。

ホテイチク

特徴と利用：枝は稈に対して鋭角に付き、稈の奇形部分の上部から発生する。稈は伐採して乾燥するまでなら節部から容易に折れるが、いったん乾燥すると折れにくくなるので細い個体では釣竿のグリップ部分や杖に利用するほか、箕、漁業用の魚籠（びく）などにも利用する。

●ナリヒラダケ属（Genus *Semiarundinaria*）

概要：温帯性タケ類に属している中形種で、稈長約4ｍ、胸高直径3〜4㎝でいずれの種も短い枝を3〜7本分枝する。ただし剪定や年を経るたびに枝数が増加する傾向がある。節は高く節間長は直径に対して長い。タケの皮は紙質で薄く、斑点はなくベージュ色をしている。また、生長終了後にすぐ脱落せずにぶら下がっているという特徴がある。葉はよく発達して長さ7〜23㎝、幅1〜3・5㎝で厚く、葉脈は網目状になっている。タケノコは春に発生する。

本属は日本に5種1変種がある。

◇ナリヒラダケ（業平竹、ダイミョウチク、フエダケ）

学名：*Semiarundinaria fastuosa* (Mitford) Makino

分布：本州の南西部から四国、九州などの河川敷。関東地方では造園用に使用するための栽培地も多い。

原産地：明らかでないが西日本ではないかと見なされている。しかし、栽培されているのはむしろ関東地方である。

ナリヒラダケ

生育適地：通常のマダケ林相当の土壌で十分とみなされる。

形状：稈長は7～8mであるが胸高直径は2～3cmと細い。稈は発生後のしばらくの間は緑色をしているが、その後は次第に紫褐色または薄紫色に変わっていく。節はわずかに隆起する程度で、一節から出る初年度の枝数は3本であるが、2年目以降には2倍以上に増える。枝張りは短く先端部に小形の葉を数枚つける。

特徴と利用：稈は通直で細く、節間長が長い割に芽溝部が浅くなっているためにもっぱら造園用や通路脇に植栽されるほか、丸竹のまま天井の桟や押さえに利用される。稈そのものに粘性が低いために曲げ物としては不適である。タケの皮を使って貼り絵工芸に利用する。

●トウチク属(*Genus Sinobambusa*)

概要：温帯性のタケで稈の大きさは中形ではあるが、マダケに比べると半分以下といったところである。太さの割に節間長の長いのが特徴といえる。各節より短い枝が多数発生し、葉は被針形で網目状の葉脈がある。タケノコは春に発生する。日本には1属1種、2品種がある。

◇トウチク(唐竹、ダイミョウチク、ダイミョウ、ダンチク、ビゼンチク)

学名：*Sinobambusa tootsik* Makino

分布：関東地方以西の各地で栽培している。

原産地：中国。

適地：栽培はむしろ関西地方以西の各地で行なわれている。

形状：稈長は7～9m、胸高直径3～4cmの中形種で節はやや隆起してい

トウチク

る。節間は長く、枝は1節から3本伸ばすが中央の枝は長い。

特徴と利用：1属1種、1品種、1変種がある。2年目以降は節から分岐している枝の部分を剪定すると多数の枝を再生させうるので、造園では美観形成上この作業を実施することが多い。タケノコは晩春に発生し、品種にはスズコナリヒラがある。

◇スズコナリヒラ（鈴子業平、シマダイミョウ、シマトウチク）

学名：*Simobam. totsik f. albostriata* Muroi

分布：関東以西の各地で栽培。

原産地：中国。

適地：通常は関東以西の各地で栽培可能である。

形状：稈長は2～4m、胸高直径2～3㎝の小形のタケであるが、葉は細くて長い。

特徴と利用：和名ではナリヒラダケとなっているがトウチクの一品種である。新しい葉には黄色味を帯びた縦縞が見られるが年令の経過とともに黄色の縦縞が白色に変化することがあり園芸家には好まれている。白色の縦縞は葉の中央脈にあることが多い。庭園や前庭に植栽されることが多い。

スズコナリヒラ

●シホウチク属（*Genus Tetragonocalamus*）

概要：稈の形状は中形の中でも小形のグループに属するといえる。地下茎は単軸分枝して地中を横に長く走行する典型的な温帯性のタケの一属である。稈の形状が四角形になっていることから名付けられたのであるが、角は丸みを帯びている。節は突起し、各節から3本の枝を出す。また稈の下方部にある節々には、先の尖った気根が節を取巻くようにしていくつもついている。節間長は20㎝余りで、稈に触れるとざらついているのがよくわかる。稈鞘は無毛で葉片はごく小さく、葉は稈の先端に数枚つけている。本属には1種と1変種、1品種があるが台湾や中国にもそれぞれ1種がある。いずれも鑑賞用として庭や鉢物として用いられている。

◇シホウチク（四方竹、シカクダケ、カクダケ、ホウチク、イボタケ）

学名：*Tetragonocalamus angulatus* (Munro) Nakai

分布：関東以西の各地で栽培。

原産地：中国。

適地：特別な土壌条件なし。

形状：稈長4～5m、胸高直径3～4cmで四角形とはいうものの四方の角は丸みを帯びている。稈の表面にはざらつきがあり、柔軟性が乏しい。

特徴と利用：稈の下方部の節には硬い気根がある。各節部の枝数は3～6本で、葉は狭い被針形の薄い紙質で、主脈の長さ約20cmで先端が垂れた状態になっている。主たる利用は庭園での植え込みに使われる。これまで竹細工に使われたことはない。

タケノコは秋に発生し、食用として高知県などで食べられている。

シホウチク

●オカメザサ属（*Genus Shibataea*）

概要：温帯性タケ類の中で最も形状の小さいタケで、日本に1属1種2品種、中国に2種のみしかない。地下茎からの発芽率が多いために本数密度が高くなり常に密生している。タケの皮は発芽後早く脱落する。1節から出る枝は数本でいずれも短く、その先端部にはずんぐりした広被針形の葉が1、2枚ついている。タケノコは春に発生する。

◇オカメザサ（イッサイザサ、イナリザサ、イヨザサ、カグラザサ、ソロバンダケ、テンジンザサ、ブンゴザサ、カンノンザサ）

学名：*Shibataea kumasaca* Nakai

分布：関東以西の各地で生育。

原産地：明らかでないが、地方名から四国か関西地方での植栽地が多い。鹿児島県下に自生地があるともいわれている。

適地：とくに場所や土壌は選ばないようで移植すれば活着率は高く、放置すれば野生化する。

形状：稈長1～2m足らずで、根元直径は3～4mm、節は二輪状で上側が膨出している。ほかのタケ類に比べると、葉は縦長で7～9cmに比べて横幅が2～3cmと太いので、その形状から判別が容易にできる。

特徴と利用：庭園や公園の植え込みで根締め、縁取り、築山などに使用されることが多いが刈り込みは毎年欠かすことができない。稈は極めてしなやかなために秋口に刈って、少し乾燥後に編み細工用の材料として利用する。この材は乾燥すれば固くなるので製品は日が経つにつれて丈夫になることから、民具の笊や籠に加工されることが多い。なお本種は名前の通り、酉の市の日にオカメの面を稈につけて持ち歩いたことが由縁で、別名のカグラザサもこれを神楽に用いたからだといわれている。

オカメザサ

温帯性ササ類の5属7種

地下茎は大部分の種（品種や変種を含む）で単軸分枝するが、一部のササでは亜熱帯性タケ類と同様な折衷型を示す。

●ササ属（Genus *Sasa*）

概要：本属にはチシマザサ節、ナンブスズ節、アマギザサ節、チマキザサ節、ミヤコザサ節に細別されている。これらの中で従来から利用されている種や品種などは、ササの形状全体が鑑賞に堪えられるものは庭園用の根締めとして、葉の形態が大きくて美しいものでは食品の装飾に利用するなどとして利用されている。しかし、竹工芸の原材料に利用されているのはチシマザサ、シャコタンチクなどの数種に限定されている。

◇チシマザサ（千島笹、ネマガリダケ、ネマガリザサ、ガッサンダケ、スズコ、ヤマタケ、ラウタケ）

学名：*Sasa kurilensis* Makino et Shibata

分布：北海道から鳥取県の大山に到る日本海側の各県と東北地方の各県で自生し、長野県などの山林内、多雪地方などの広範囲に自生している。

形状：放置林内では稈長が3～4m、根元直径1～2cmになる。地上では斜面に沿って伸びるが10cmほどで起ちあがる。また、地中部では仮軸分枝と単軸分枝を繰り返しているが通常は密生していることが多いために、こうした分枝は明らかになっていない。葉は長さ20cm、幅5cmの大形で、葉の中央脈は白く浮き出ている。

ネマガリダケ

特徴と利用：発生した年は分枝しないが翌年には稈の上方部で分枝する。葉は格子目状である。稈は強靭なために各種の笊や籠の材料にするだけでなく、寒冷地のタケノコとして食する。開花枯死後の再生は実生苗となって翌年には天然更新する。

●ヤダケ属(Genus *Pseudosasa*)

概要：中形種の大きさのタケ類であるが、地下茎は亜熱帯性タイプの折衷型を示すものの密生するために、ややもすると散稈型に見えることもある。発生初年度は稈の先端部に数枚の葉を着けるが翌年以降は枝分かれをする。節間は通直で長いためにヤダケでは名の通り矢として使われることが多い。タケの皮は皮質で、稈に密着し、稈の下方部では節間よりも長いが上方部では稈よりも短くなっている。葉は枝の先端部に羽状もしくは掌状につき長楕円状の被針形となっている。葉は表裏とも無毛である。本属にはヤダケのほかに2種、2変種、2品種などがある。

◇ヤダケ(矢竹、ノジノ、シノベ、シノダケ、ニガタケ、ノダケ)

学名：*Pseudsasa japonica* Makino

分布：東北地方の沿岸部とそれ以南の全国に生育している。

適地：特になし。

形状：稈長3～4m、胸高直径1cmほどの中形種で、節間長は30cm程度である。

特徴と利用：通直な稈はタケノコとして地上

ヤダケ。稈が通直なため、矢に使う。葉は先端に着き、節が低いに現われた年に節から分枝することはないが、2年目からは先端部で分枝する。節は出過ぎることなく、タケの皮は節間長よりも長くなって粗毛をつけている。また、葉は長さ30㎝、幅4㎝で稈鞘の先端部についている。稈の芽溝部は浅くて正円でしかも節間長が長く、おまけに節も出張っていないという利点から矢、釣竿、団扇、筆軸などとして竹工芸用に利用される。また、鑑賞に値するために庭園の植栽竹としても使用される。

◇**ラッキョウヤダケ（辣韮矢竹、ラッキョウチク）**

学名：*Pseudosasa japonica var. tsutsumiana* Yanagita

分布：栽培品種。

適地：特になし。

形状：稈長2～4m、根元直径1～1・5㎝で、各節間の芽のない側の稈の下方部と地下茎の節間が異常に膨出して、ラッキョウに似て見えることからこの名前が付けられた。枝は下方部からも発生し、葉はヤダケと同様に長い。

ラッキョウダケ

利用：奇形に興味を持つ人が庭園や盆栽仕立てで鑑賞する。

●スズタケ属（Genus *Sasamorpha*）

概要：中形もしくは小形のササ類で地下茎は単軸分枝する。稈は直立し傾斜することはない。稈長1～2m、根元直径4～8㎜、枝は稈の上部に1本でる。稈の多くは有毛で、節はほぼ平坦である。また、葉の裏面はケスズのみが長毛を密生している。

◇**スズタケ（スドリタケ、スジタケ、シノメダケ、シノダケ、シノ、スズ）**

学名：*Sasamorpha purpurascens* (Hackel) Nakai

分布：北海道から本州、四国、九州までの太平洋側の湿気の多いところに分布する。

適地：自然分布があるのみで植栽地はない。

形状と特徴：稈長1～2m、根元直径5～8㎜、稈は淡い紫色の褐色で細い毛が生えている。枝は上部で数本に分れている。稈は堅牢で粘りがあり折れにくい。葉は大形で30㎝に達するものもある。表面は無毛で光沢があるが裏側は灰白色になっている。

利用：盛り籠、パン籠、盛り皿などで工芸品とよべるほどのものではない。

●メダケ属（Genus *Pleioblastus, Section Medakea*）

概要：中形または小形のササ類で、種だけでなく品種や変種の多い属だけに、リュウキュウチク節、メダケ節、ネザサ節に区分されている。多くのササの地下茎は単軸分枝するが、稀に仮軸分枝する種もある。単軸分枝する種の稈は直立し稈長1～5ｍ、根元直径は4～8㎜で稈の上部で分枝して1節から3～7本の枝が出る。二輪になっている節の上側もあまり膨出することはない。節間は長く無毛である。そして逆向きの細毛がある。タケの皮は長期間稈に密着し、節間長よりも短い。葉は稈や枝の先端部に5～8枚が羽状もしくは掌状でみられる。また、本属の中には葉が縞模様を示す品種や変種がいくつもあり、それらが庭園などの植栽や小形の種類では盆栽などに供されている。

◇メダケ（女竹、オナゴダケ、カワタケ、コマイダケ、シノ、シノダケ、ニガタケ、カワタケ）

学名：*Pleioblastus simonii* Nakai

分布：関東以西のやや湿気の多いところや河川敷に分布。

適地：右記の通り。

形状：稈長4～6ｍ、直径2～3㎝の中形種で通常はタケの皮、葉鞘、節などは無毛である。葉は葉長20～25㎝とやや大きくて先端が垂れたようになっている。

特徴と利用：稈には粘りがあり、曲げやすいこともあって籠、笊をはじめとして、団扇、筆軸、釣竿、笛、木舞竹としても用いる。伝統工芸の房総団扇の骨に利用されている。日本海側の各地で防風垣用の間垣としても用いている。意外なのは庭園用の植栽にも使われていることである。

メダケ

●カンチク属（Genus *Chimonobambus a marma*）

概要：地下茎は単軸分枝をする中形のタケであるが、時折、その先端部が起ち上がって空胴のない実竹状のササが生まれることがある。稈は丸く円柱状で基部には固い気根が各節に付いている。またタケの皮は薄くて比較的早く離脱する。一節に多くの枝がでる。タケノコは秋に発生する。1

属に1種1変種しかない。

◇カンチク（寒竹、ゴゼダケ、モウソウチク）

学名：*Chimonobambusa marmorea* (Mittford) Makino

分布：本州東北地方の南部以南に分布している。

適地：特記することなし。

形状：濃い紫色の稈は長さ3～5m、直径2～3㎝で節は無毛である。また、葉は小さくて長さ6～12㎝、幅は2㎝ほどしかない。タケノコは秋に発生し、日陰地が生育には適している。

カンチク

特徴と利用：造園材料には稈の上部を切断し枝数を増やしてから植栽するのがよい。筆軸、ステッキ、窓の桟、鞭などに利用する。

◇チゴカンチク（稚児寒竹、ベニカンチク、シュチク）

学名：*Chimono. marmorea* (Mitjord) *f. variegate* (Makino) Ohwi

分布：日本産と思われているが天然分布は明らかでない。

適地：栽培種のため適地なし。

形状：稈長約1mで、直径は5～7㎜。

特徴：発生してきたままで放置しておくとタケの皮が離脱する頃には稈が赤く変色する。しかし、翌年の春季頃にタケの皮を人為的に除去して日光に当てておくとより鮮やかな赤紫色となる。また、稀に葉に白い縦縞が入ったものや稈に緑色の縦縞の入ったものが現われることがある。

チゴカンチク

利用：稈の赤いことが珍しいことから、お目出たいこととして鑑賞用の鉢植えとする。ただアントシアニンによるこの赤紫色は3年ほどで退色してしまうため、工芸用の材料とすることができないのは残念である。

（内村悦三）

竹細工に使えないタケの話

タケといえば、中は空洞と思いきや、中身が詰まったタケがある。中が詰まっているから竹ひごもできず、当然、竹細工には使えない。そんなタケがある。あるいは、節の形が芸術的な曲線を描くようなタケもある。木本性タケ類の種数は世界中に８００種あまり。その中からちょっと変わったタケを紹介しよう。

◉中が木質で満たされたデンドロカラムス ストリクタス

このタケは稈の中空部がすべて木質で満たされているか、空洞があっても極めて小さい。胸の高さで直径を測ると、左側のマダケとほぼ同じくらいの中形種。インド、バングラデシュ、ミャンマー、タイなどの年平均気温が40℃以下の低地熱帯に広く分布している。

稈そのものが堅牢で丈夫なために、現地では建築材、重い農機具を牛馬に運搬させる際のくびき、ポールなどに用いる。また家具材、製紙原料、製炭材、バイオマス利用ができるために、東南アジアや中南米地域では植林地もある。ただ、稈の表皮だけを剥ぎとることは堅く困難なことから、竹細工には利用できない。

◉中に柔らかい髄を持ったチュスクエア クレオ

このタケは、外側の節に気根があり、中空部に繊維状の柔らかい髄がある。表皮は極めて薄く、竹ひごをつくることはできない。チリやアルゼンチンの比較的低地帯に生育。タケ科の中で種数が最も多いのがこの属で、多くの種が日本でいうササだが、その一種のチュスクエア クレオはこのように中空部は空洞になっていない。

染色体数が２ｎ＝40（４倍体）で、メキシコや中南米のアンデス山脈、マドレ山脈に33種、中央アメリカのタラマンカ山脈（コスタリカ）の標高２５００〜３０００ｍ付近やチリ、アルゼンチンのパタゴニア山脈の標高５００〜９００ｍの温帯降雨林に49種、ブラジル東南の大西洋側にあるマンチケイラ山脈に37種、その他に合計１２０〜１４０種が樹木類の下層植生種として広く分布している。

（内村悦三）

5章

タケ利用の実際

竹材処理の基本

すでに述べてきたように、国内に分布しているタケ類には、利用価値の高い種類だけでも数が多く、それぞれに異なった特性があるため、利用目的に応じてその利点を有効に活かすことが大切である。しかし加工技術ともなると、古くから手仕事として伝承されて来た経緯があり、ましてや高級な美術工芸品ともなると、何世代にもわたって世襲されてきている。いわゆる門外不出の技術が多いだけに、親子ですら厳しい研鑽が行なわれるのである。これらのことを知りながらも、あえて新たな挑戦を行なうための手立てを、簡単に記しておくことにしよう。

●伐竹（ばっちく）方法とタケ類の樹齢

タケ林から、加工用材料を伐採するに際しての注意点としては、あらかじめ必要本数が何本なのかを概算しておいて、夏季後半には伐採するタケにマークをつけておくことである。とくに、伐った後に残る本数や稈の配置を考えて、過剰伐採をしないことが大切である。

次に、伐採するタケの年齢に関しては、伐るタケの種類や利用目的によって多少は異なるが、編組製品用として細く割って材料にするマダケなら、二、三年生のものを選ぶ。メダケなら、一～三年生のものを選ぶべきである。なぜなら、柔軟で粘性の高い樹齢だからである。また、モウソウチクのように太くて強度を求める場合は、四～五年生でもよい。なお、一般に一年生は水分が多く、五年生以上の竹は、細胞組織が粗剛となり、表面の油性分や柔軟性が欠けるので、笊や籠とするには適していない。また、伐採適期は10月末から11月下旬頃までである。

伐竹後は、すぐに枝払いすることなく、葉をつけたまま、直射日光を受けないタケ林内に、静置しておくのがよい。伐栽竹が多い場合は、北側で風通しのよい日陰地に、30㎝ほどの高さの台をつくり、その上に伐採竹を縦に並べて積み、雨露がかからないようにしておく。つまり、湿気を避けるように、かつ蒸れないようにすることで、防虫処理や黴（かび）の発生を防ぐことができるのである。

こうした処理後の竹を工芸品に加工するのであれば、油抜きを行なう必要がある。油抜きは、材質の硬化に役立つばかりでなく、たんぱく質や糖質などの栄養源を除去することで、虫害や黴の発生を防ぐことができるので、欠かしてはならない作業である。この油抜き処理法には乾式法（火に曝（さら）す方法）と湿式法（湯に曝す方法）とがある。

乾式法では、伐採後1～2か月間、陰干ししたタケを１４０～１５０℃の温度で、炭火かガス火で、竹材を回転させながら直接火であぶり、稈の表面に出てきた脂質分を、乾燥した布で拭き取る。この際に、稈の表面を焦がしたり〝むら〟を生じたりしないように熱することが大切である。

湿式法では、苛性ソーダの0・05～0・1％溶液を入れた釜の中で、約10～15分間竹材を煮沸した後に、この釜から竹材を取り出し、ただちに乾いた布で竹稈の表面に出てきた脂質分をぬぐう方法である。この方法では、薬品の濃度を低くして、温度は必ず沸点まで上昇させる。また、釜から取り出した竹材は、外気に晒さないようにして、すぐに布切れで脂質分を拭き去るのがコツである。

●竹材の特性利用

加工する際には、製品のデザインの段階で、竹材の特性をいかに上手に活用するかをイメージしておかなければならない。例えば、竹稈が通直で折れない特徴を持っていることを意識して使われているものに、丸竹を利用した机の脚、杖、傘の柄、床柱、釣竿、旗竿、物干し竿、竹梯子などがあり、竹稈の中空を利用したものには、笙（しょう）、尺八、横笛などの楽器類がある。

また、空洞のないタケの地下茎を用いたものとしては、印鑑、傘のグリップ、杖などがある。さらに、マダケが持っている割裂性を活用したものに、笊、籠、簾、扇子などがあり、さらに細分化できるハチクでは茶筅（ちゃせん）などがある。これらはいずれも竹が持っている維管束数を考えてつくられたものであり、さらに弾力性を利用してつくられたものに弓がある。弓には節間長が長く維管束の多いものが適しているという理学的特徴をもって、先人たちがマダケを選択していたとは到底思えないだけに、彼らが得たその卓越した知恵には頭が下がる思いがする。さらにいえば、ものさしに必要となる縦方向の伸縮性がないという特徴を、マダケが持っていることをどうして得たのだろうか。

●必要な道具類

生活工芸品をつくるには、各種の道具類が必要であるが、基本中の基本といわれているのが、丸竹(竹稈)を細く縦割りして、均一な太さの竹ひごをつくることである。竹ひごのでき次第で、あるいは表皮と材質部(身)とを剥離させた薄い剥ぎ竹(へら)のでき次第で、いかに精巧かつ美しく上質の作品ができるかの成否が決まる。

そこで、最低限必要とされる道具類のいくつかを記しておく。

竹挽き鋸：「竹挽（たけひ）き用鋸」として市販されているものは、歯形が正三角形になっていて、押しても引いても竹が切れる。これが木挽き鋸とは違っている点である。

竹割り鉈：通常の鉈（なた）と違って小形の両刃だけに、軽くて扱いやすくできている工具を選ぶこと。

小刀：市販されている切り出し小刀で十分であるが、手持ち部分は木製の柄付が作業しやすい。

錐：竹は縦方向に割れやすいので、手もみ錐（きり）を使えば安心して使うことができる。

●加工作業

目的とする作品の材料が整えば、いよいよ加工の工程に移ることになる。加工に関しては竹を磨くことに始まって、仕上げで終わるといわれている一つの流れがある。その流れに沿って工程内容を示すと、次の通りである。

竹磨き：竹を入手したときは竹稈の表面が汚れているので、洗剤をつけた雑巾で水洗いすれば、汚れを取り去ることができる。たとえ店頭で購入した竹がすでに油抜きを行なっていたとしても、割れていたとしても、改めてガス火か炭火で軽く表面が焦げない程度に暖めて、乾いた雑巾で汚れを取り除くとよい。

竹の切り方：丸竹（竹稈）を節の近くで横に切る際、初心者は往々にして切り口を歪めて切ることがあるので、切ろうとする場所の円周に沿って、前もってテープを貼って目印をしておく。こうすると、その位置に沿って鋸を当てて簡単に切ることができる。ただ、断面の表皮がささくれ立って、引き裂いたようにならないように注意しなければならない。そのためには切るべき竹稈が動かないように固定しておいて、一気に切り落とすことである。切り口が目に見える部分にあれば、その作品の価値はほとんど無に等しくなってしまうからである。

竹の割り方：長短にかかわらず、稈を縦割りする際は、末口（先端部）から根元に向かって刃物を進めるが、稈を二等分するときは、竹の切り口の中心をよく見定めてから割らなければならない。なお、竹稈を二等分または四等分する際は、鋼でつくられた既製品の道具もあるので、それを利用するのもよいだろう。このようにして、さらに細断していき所定の竹幅に達したとき、さらに繊維方向に沿って縦割りすることを柾割りと呼び、表皮と身を平行して縦に切り離すことを平剥ぎと呼んでいる。

なお、このほかにも削る作業があるが、竹の表皮を身から削り取ることは小刀で行なう。

竹の曲げ方：割り竹の表皮を外側にして、直角か鈍角に曲げるには、竹の内側部分を削り取って薄くした後、削った内側を弱火であぶって、柔らかくなったときを見計らって一気に曲げて、冷水中に入れて固定する。また、より薄い竹稈を曲げるときには、電気ごてやローソクの火を利用することもできる。

仕上げ方：いわゆる「生地磨き」といわれているものである。竹稈のままで完成品となっている花生けや、竹の小片を組み合わせて完成品にしている作品の場合、木口を滑らかにする生地磨きはヤスリで軽くこすっておき、角や丸みをつけるにはサンドペーパーの粗目のものから順次細目に替えて磨くのである。

（内村悦三）

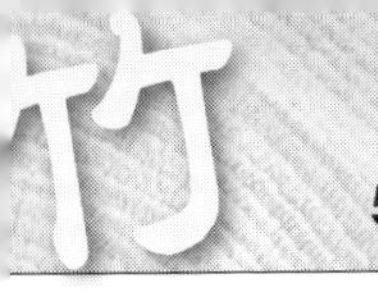

竹細工の基本＝竹ひごと籠、笊

●「北の竹工房」に至るまでの歩みと工房の紹介

私（近藤）の主宰する「北の竹工房」は、北海道の中央部・旭川市の北西に位置する比布（ぴっぷ）町にある。大雪山を南西に遠望する北の町である。９月に入って始まる竹を切る作業は、雪の降り始める10月末まで続く。幸いネマガリタケ（チシマザサ）の自生地は車で15分と至近距離にあり、何度も山に登るのは苦にはならない。また、車で１時間ほどの場所には、国が管理する広大なネマガリタケの藪があり、材料には不自由しない。以前に住んでいた岡山県で〝駒ノ旺竹工房〟を主宰していた時代は、マダケがおもな材料だったが、車なら２時間ほどで行ける鳥取県境の山にもネマガリタケがあり、ネマガリタケはここが南限とのことであった。ネマガリタケの筍はクマの大好物なので、ここ北海道でも警戒しながらの竹切り作業となる。

私が竹の仕事に入ったのは、すでに40年近い前のことになる。京都の竹材店で修業し、その後同じ京都の竹工芸の師匠に手ほどきを受けて、大阪で竹工芸教室を始めた。この工芸教室で多くの方々に竹で籠を編む楽しさを伝えるかたわら、作品展も数々開いてきた。数年前に家族の事情で故郷の北海道に戻り、現在に至っているが、今でも工芸教室は続けていて、皆さんにネマガリタケを利用した籠づくりを指導している。

半年もの間深い雪の下で、その重みに耐えながら育つネマガリタケは、世界中の竹の中でも最も強靭で、これで編んだ籠は力強く、柔軟性と弾力性を備え持ち、優しい表情の作品となる。現在はこの竹で籠を編む作り手が少なくなってきたので、少しでもそのよさを伝え、後を継いでくれる人たちにつないでいきたいと考えている。

ちなみに〝北の竹工房〟では、工芸教室のほか、数々の作品の展示、またネットショップもあり、竹ひごづくりの道具の販売もしている。

チシマザサとその竹細工品

●竹材の準備

この項では、素材は、もっぱらチシマザサ(千島笹、ネマガリタケ)を使う。ただ、素材がマダケ、ハチクなどであっても、それぞれの竹細工品のつくり方はほぼ同じである。素材の違いによって、とくに扱いが違う点には説明を加えたので参考にしていただきたい。

◇チシマザサ

チシマザサは積雪地帯に生えているため、青竹を切って採集できる期間が限られる。通常では9月中旬から雪が降り始めるまでの間に切っている。

チシマザサ

チシマザサは、竹材店での入手が難しいので現地で切ることになるが、竹の生えている場所が国有地であれば、所管の森林管理局または森林管理署へ、市町村の所有であれば市役所や役場へ、私有地であれば所有者の許可を受ける必要がある。また、クマやヘビ、ハチなどに十分注意して行動する。

①

②

③

◇採集から下処理(晒し竹)

①目の細かい鋸でなるべく根元から切る。この項では、タケの根のほうを「元(もと)」、タケの先のほうを「末(すえ)」と呼ぶ。末のほうは枝が出ているところで切る。藪は竹が折り重なるようになっているので、20~30本まとまったら紐でしっかりくくって運び出すのがよい。

②その年に生えた若い竹は、雪の重みで倒れず、傷も少なく、節から出ている竹の皮がきれいで、枝もほとんどないのが特徴。若い竹は柔軟性があるのでおもに縁巻きに使う。

③切ってきた竹は早めに下処理しておく。節に付いている皮を、竹割包丁で竹を回しながら傷をつけて取り除く。

④続いて、引っ掛かりのある節を包丁の刃で竹を回しながら削

る。

⑤芽の部分も取り除く。

⑥水に浸したもみ殻で、きれいになるまでこする。

⑦次に水で洗い流すか、拭き取る。

⑧何本か紐でくくり、晴れた日に半月ほど晒し、乾燥させる。

⑨緑色の部分がなくなったら、湿度の低い場所に日に当たらないように保存する。このようにしておくと、いつでも

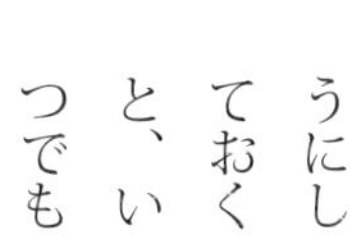

よい竹材として使うことができる。また、切りたての色で使う場合は日陰に寝かせて置き、シートなどをかけておくと半年ほどは使うことができるが、竹の色は次第に濁ったものになってくるので注意する。

⑩竹を晒す方法では、直火を利用すること(乾式)もある。火の上で焦がさないように、竹を回しながら熱すると、表面の蝋成分が溶け出てくる。これを布で拭き取るときれいになる。その後10日間ほど晴れた日に晒すと、長期間の保存が可能になる。火はガスコンロなどの小さな炎でも利用できる。また、苛性ソーダの薄い液を沸騰させ、その中に入れ、布で拭くと汚れなどが取れる(湿式)。後は晒すことで長期の保存が可能となる。マダケは、この方法で晒すことが多い。

●竹ひごづくり

◇竹ひごづくりで使う道具

竹切り鋸：目の細かな刃のものであれば、ホームセンターなどで竹用と称しているものも使える。

巾引き小刀：ひごの幅を揃える道具で、左刃と右刃のセットをインターネットで検索して探すことができる。新しいものは刃が鋭いので、竹に食い込みやすく、使いづらいので、竹を引きながら、砥石で少しだけ刃を丸めるなどして切れ具合を調整する。巾引き小刀の代わりに使う道具もある。これはネットで探すことができる。私の場合は自作した。

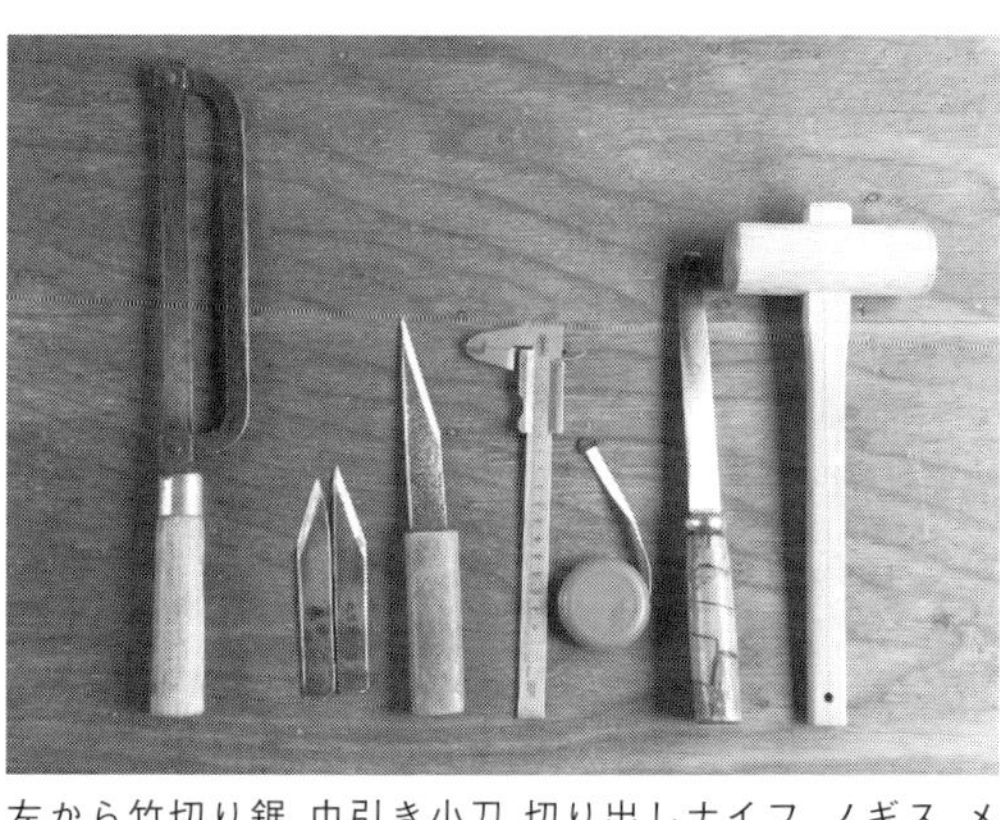
左から竹切り鋸、巾引き小刀、切り出しナイフ、ノギス、メジャー、竹割包丁、木槌

切り出しナイフ：竹を削ったり、ひごの裏を剥いたりするときに使うので、刃の厚みのあるものがよい。柄のないものでもよいが、カッターナイフではうまく削れない。新しいものは、刃が鋭いので竹に食い込みやすく、使いづらい。巾引き小刀と同様に砥石で少しだけ刃を丸めるなどして調整する。

ノギス：ひごの幅などを測る道具。ホームセンターなどで求めることができる。

メジャー：長さを測るために使う。手芸用のものが使いよい。

竹割包丁：両刃のもので、あまり大きくないほうが使いやすい。ホームセンターやネットで探すことができる。新しいものは刃が鋭いので、竹に食い込みやすく、使いづらいので、竹を割りながら、砥石で少しだけ刃を丸めて調整する。

巾引き小刀

木槌：巾引き小刀を打ち付けるときに使う。

裏剥き銑（せん）：ひごの裏を削り、厚さを決める道具で、これがあると重宝する。ネットで探すことができる。私の場合は自作した。

木の切り株：作業台としての木の切り株があれば便利である。軟らかすぎたり、硬すぎたりする材質は向かない。

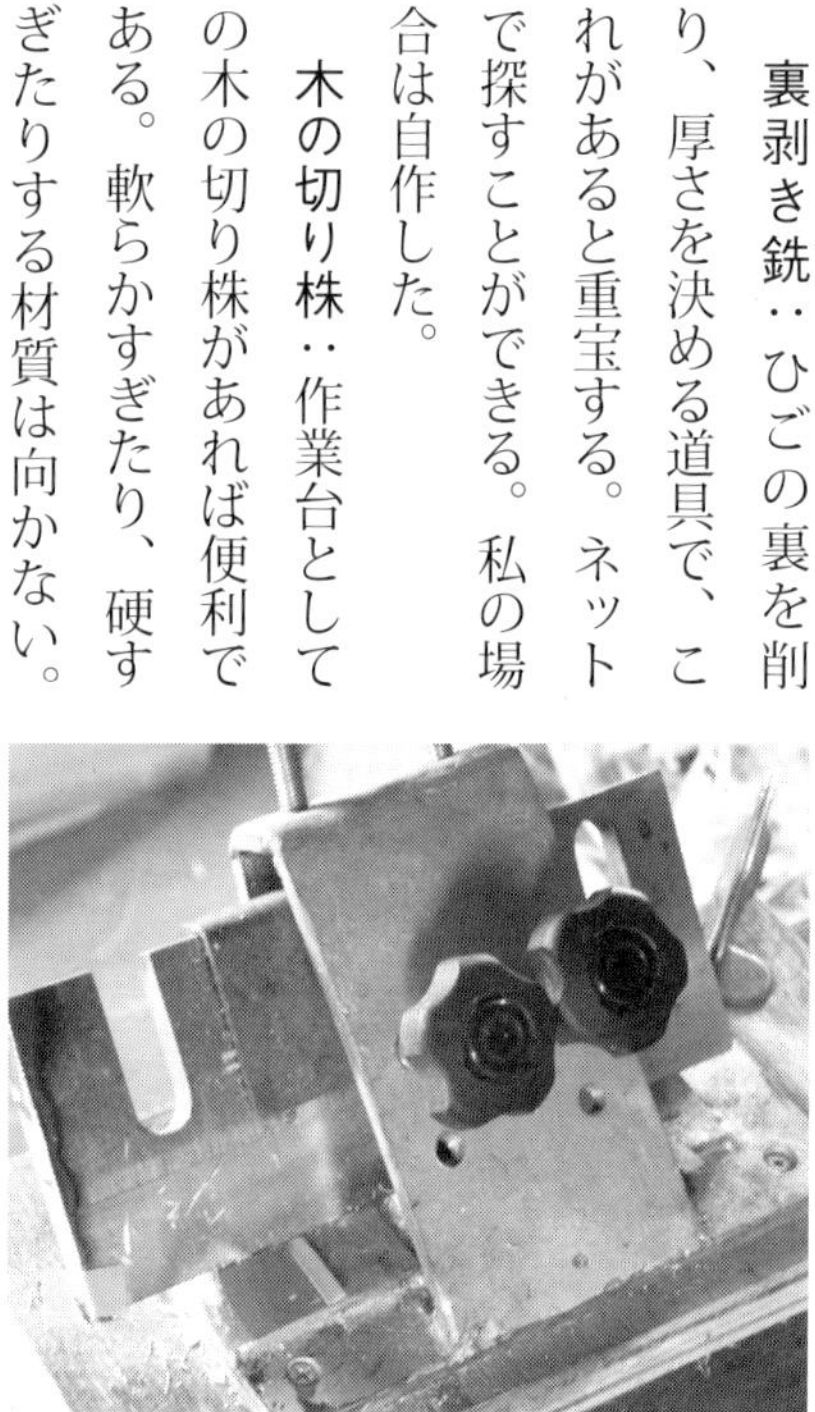
裏剥き銑

写真はアカマツだが、イチョウなどでもよい。口径の小さなものなら、下に板を打ち付けて、板の上に座ることで安定して作業できる。手に入りやすい小さな切り株は、作業台にクランプ(接合部に使うつなぎ金具。鎹〔かすがい〕など)で固定して使うとよい。

木の切り株を作業台に

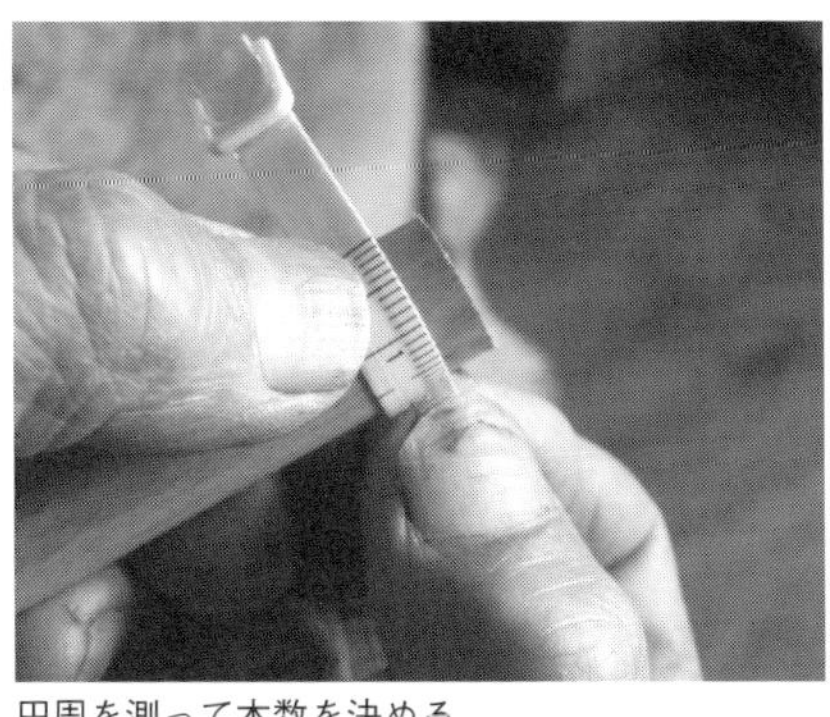
円周を測って木数を決める

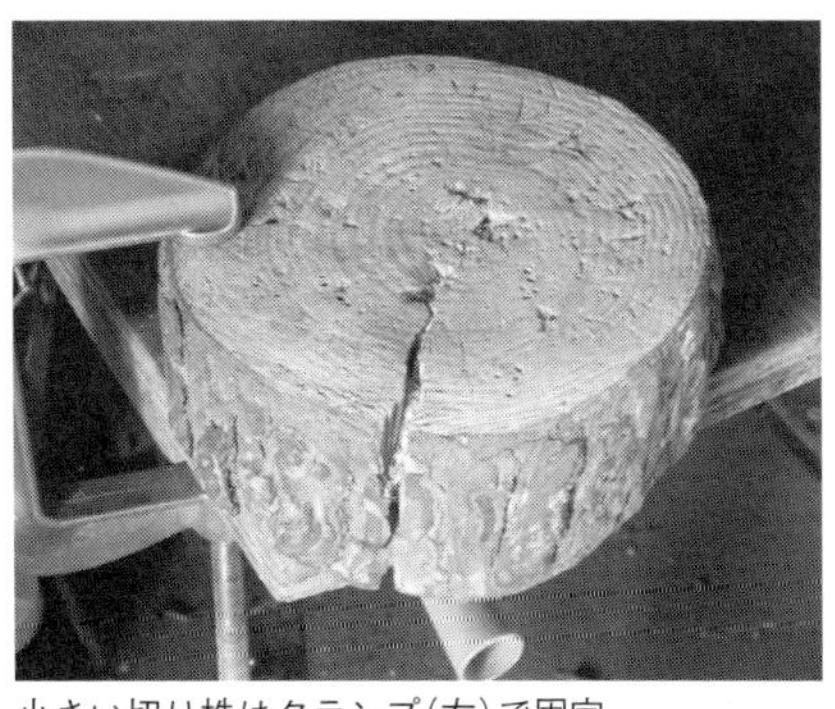
小さい切り株はクランプ(左)で固定

ひごの数に合わせてタケを準備

◇竹を割る

竹の太さにより、つくれるひごの本数が決まる。例えば、5㎜幅のひごをつくる場合、直径が末(先端のほう)で1㎝の竹であれば、円周は約3㎝となるから、1×3・14で6本ほどとれることになる。つくる籠のひごの数を、あらかじめ計算して竹を用意する。

元(根のほう)が汚れていたり、極端に節間が短かかったりする竹は、あらかじめ切り落としておく。

元の方の汚れた部分や節間の短いタケは切り落とす

【竹割りの手順】

①まず、竹を割ることから始める。丸竹が真半分になるように竹割包丁の刃を当て、包丁の背を竹の下方向に押すようにして、ぐっと一瞬で刃を入れる。慣れるまでは、木の切り株などの上でトントンと、竹と包丁がずれないように、落とすように割ると、刃が入りやすい。

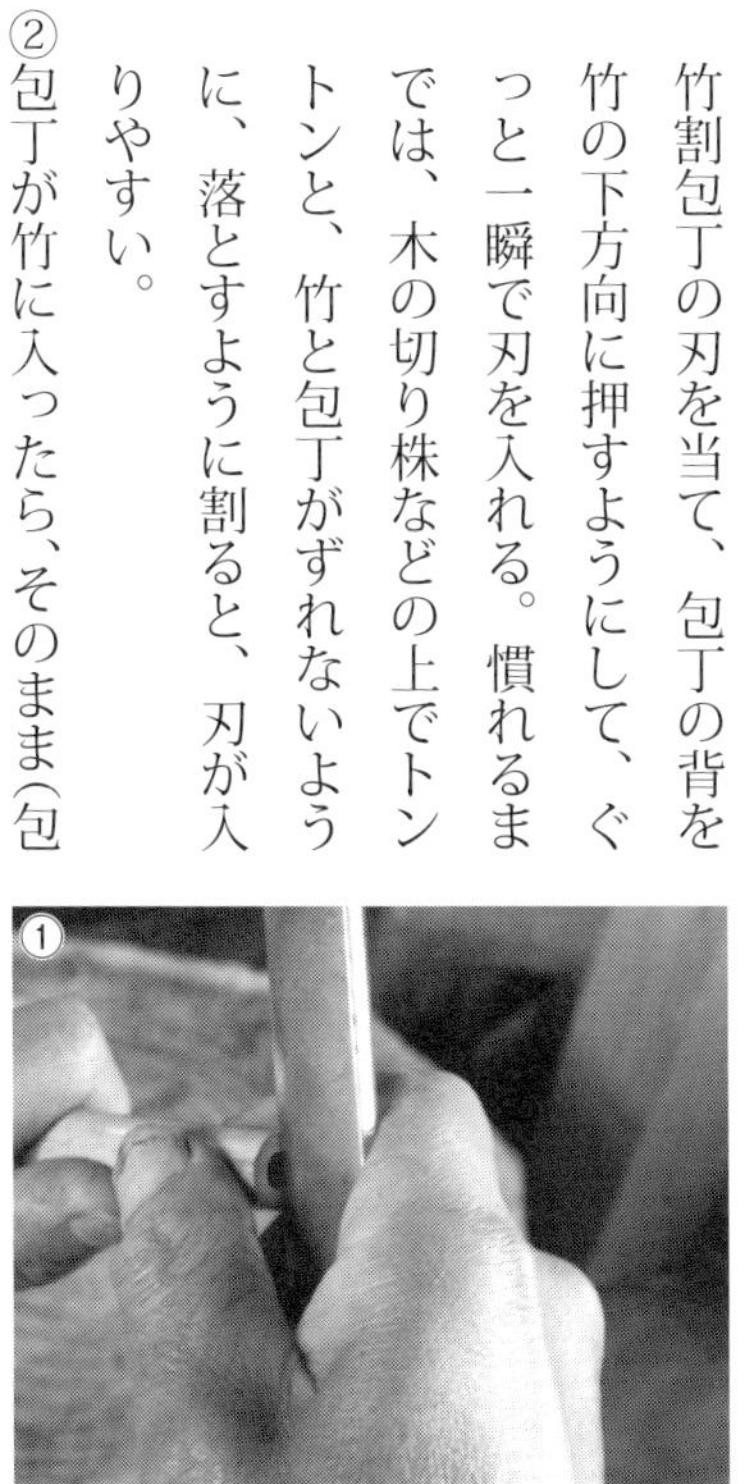

②包丁が竹に入ったら、そのまま(包

丁のほうを下げて割るのでなく)竹を包丁のほうに送るようにして割っていく。慣れるまで、包丁を持つ手と反対側の手には、保護のために滑らない手袋を付ける。

③マダケなど太い竹の割り方は、真半分の位置に包丁を置き、上から木槌で叩いて割ると楽にできる。

④包丁を20㎝ほど押し込んでから、その上に木槌の柄を入れ、包丁を抜く。

⑤木槌を回して、竹の割れを広げるのを繰り返すと、割ることができる。木槌の代わりに、丸い木の棒を押し下げても割ることができる。

⑥節に差し掛かったら、包丁を持っている手の反対の手で、竹をしっかりと挟んで、包丁にスピードがついて進まないようにして、包丁を押し込む。

⑦割り始めは半分に割れていても、力加減で外れてしまうことが多々ある。この場合は早めに修正しなければならない。包丁の刃のほうを薄くなったほうに、背のほうを厚くなったほうに押すように、修正されるまで続ける(テコの原理)。うまく修正できないときは元のほうから割る。

⑧芽の部分は、特殊な籠以外には使用しないので、

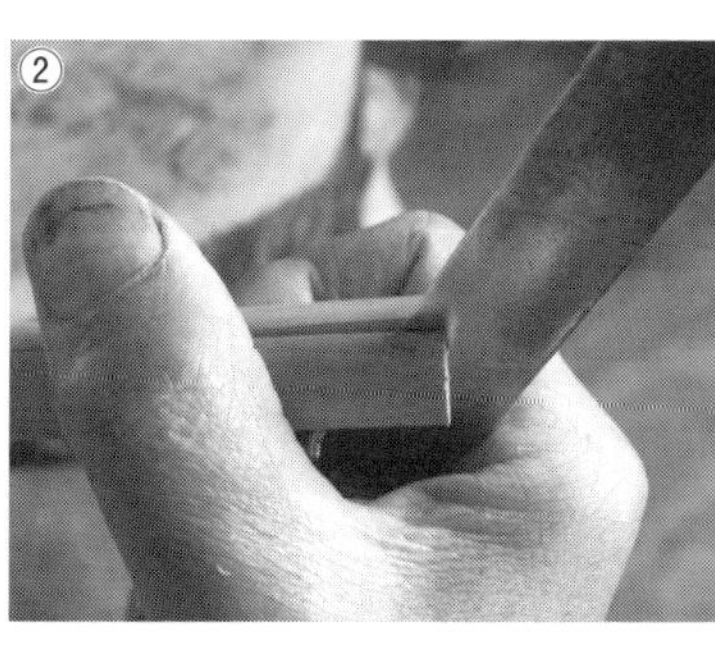

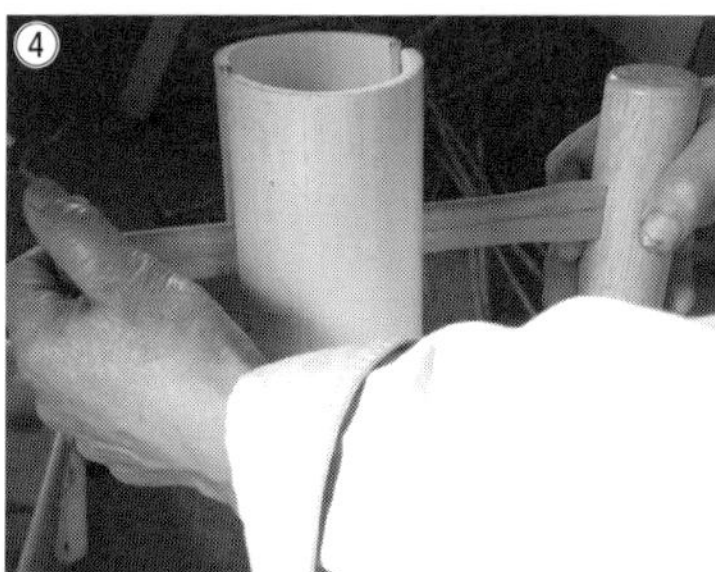
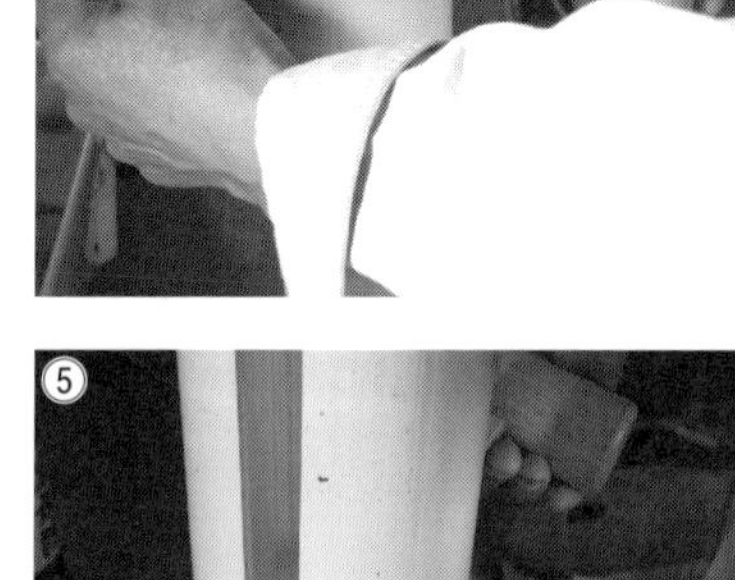

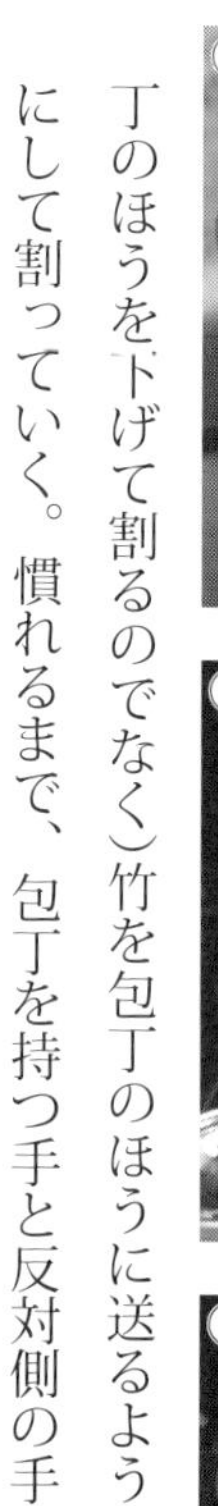

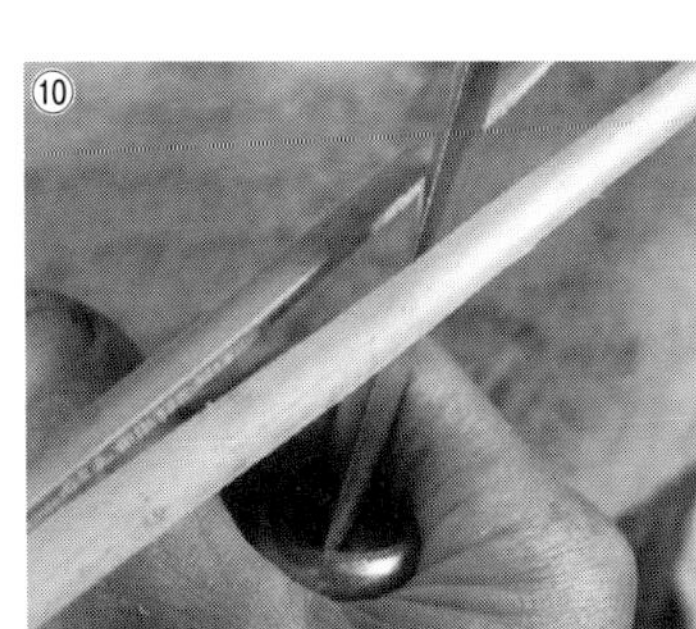

半分に割るときに芽が外れるように刃を入れる。

⑨半分に割ったところ。

⑩半分に割った竹を、さらにその半分に割る。半分に割るときと同じ要領だが、割り口が常に扇状になるように注意しながら割り進める。

⑪小割の最後になる作業。丸い竹の8分の1の幅となる。

【へぎ作業―竹裏の薄膜を剥ぐ】

⑫竹割り作業が終わり、続いてへぎの作業(竹の繊維を剥いでいく)に入る。包丁を持つ手と反対側の親指と人差し指で、しっかりと竹を挟む。竹の繊維の方向と平行になるように包丁の刃を入れる。そして最後までこれを維持していく。

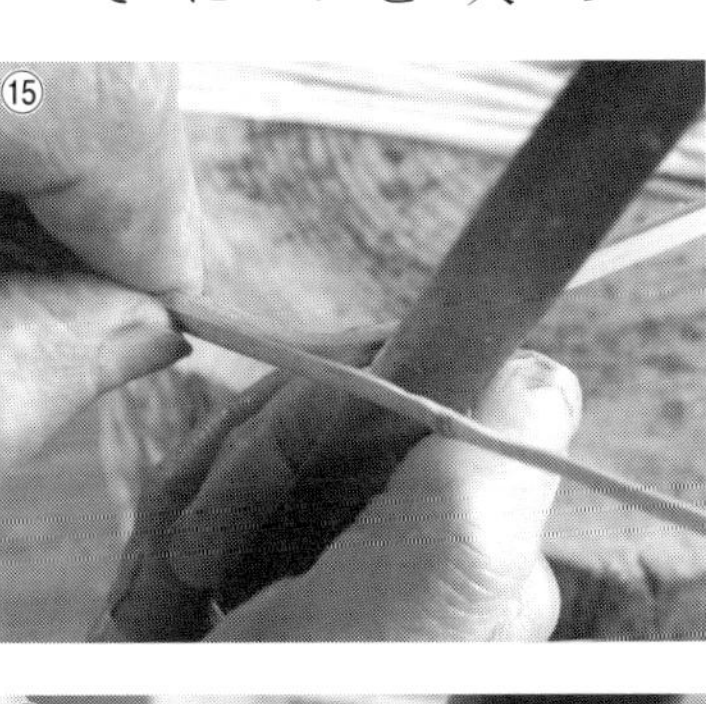

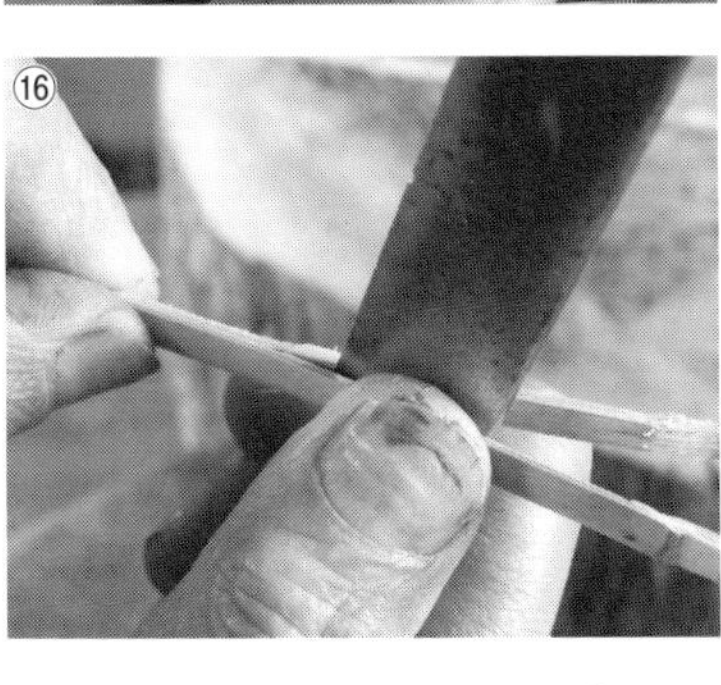

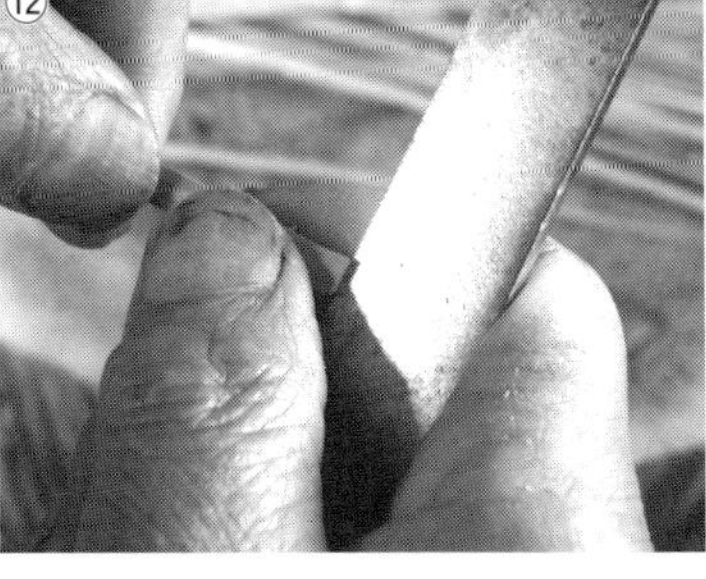

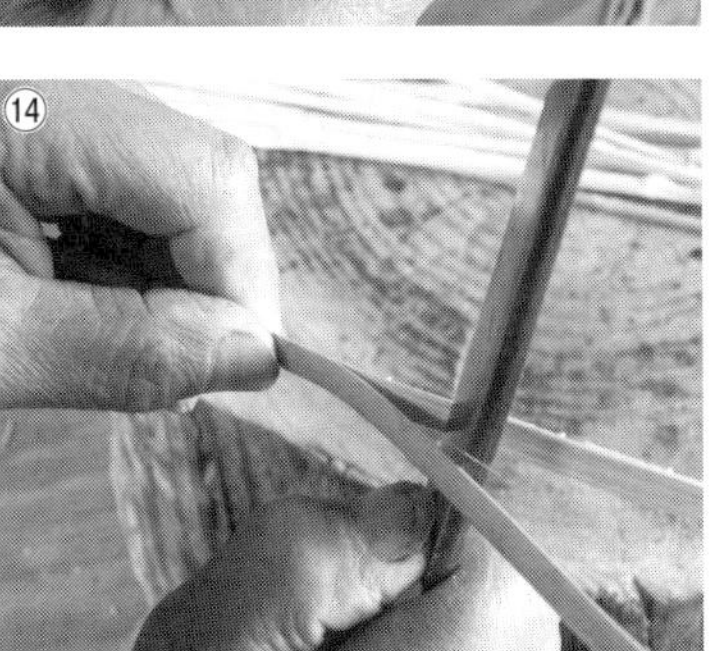

⑬写真のように、始めから斜めに刃が入らないようにする。

⑭へいでいるときに皮のほうが厚くなってきたら、身の方向には包丁の刃先を、皮のほうには包丁の背を、皮のほうの竹が反る程度まで包丁を立てるようにすると修正される。

⑮今度は逆に皮のほうが薄くなってきたら、包丁の刃先は皮の方向に、包丁の背のほうは身の方向に竹が反る程度まで押し付ける。テコの原理で修正される。

⑯身が厚く一度で希望の厚さにへぐことができない場合は、二度へぎを繰り返す。竹は末では身が薄く、元では身が厚い。これは実際に経験して会得していただきたい。

⑰写真は、これまでの作業ででき上がった竹ひご。次に幅を揃える作業に

縁竹・力竹のつくり方

⑱縁竹（ふちだけ）（笊や籠の縁に使う竹材）や力竹（ちからだけ）（底などに強度補強に使う竹材）のへぎ作業は、巾引き小刀では難しいので、膝の上で竹を引きながら切り出しナイフで削る。幅をノギスで測りながら削っていく。

⑲裏側も厚さが一定になるように削る。

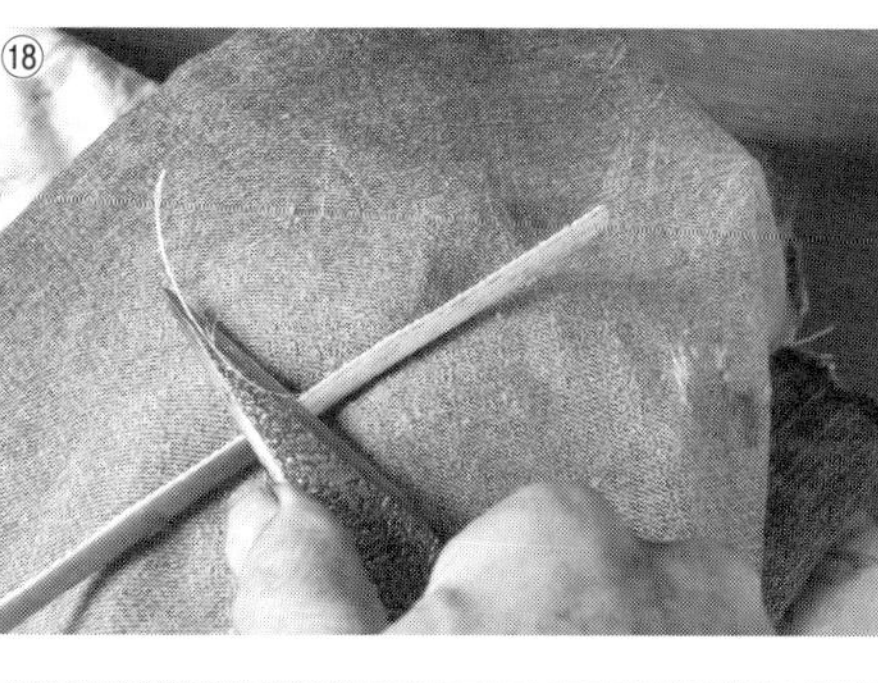

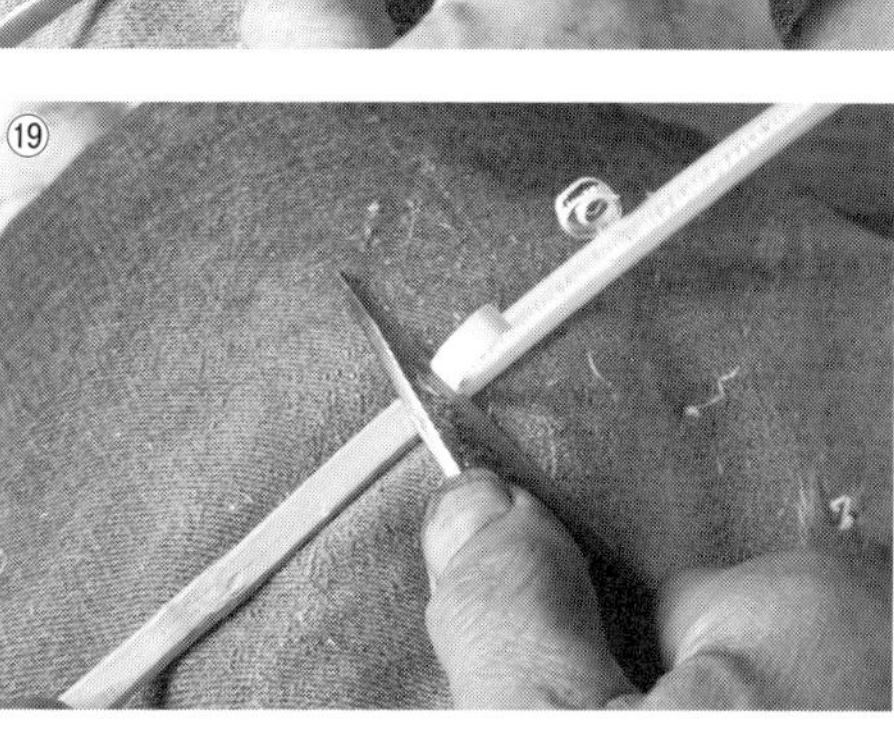

縁巻き竹のつくり方

⑳縁巻き竹は長い竹が必要になる。初めから終わりまで、なるべく同じ幅になるように剥（へ）いでいく。元のほうは太いので、同じ厚さで剥ぐと両側の皮が写真のように残る。

㉑縁巻き竹の幅は竹が軟らかいので、巾引き小刀を使ったのではうまく削れないことがある。膝の上で竹を立てて、切り出しナイフで削る方法がよいようだ。

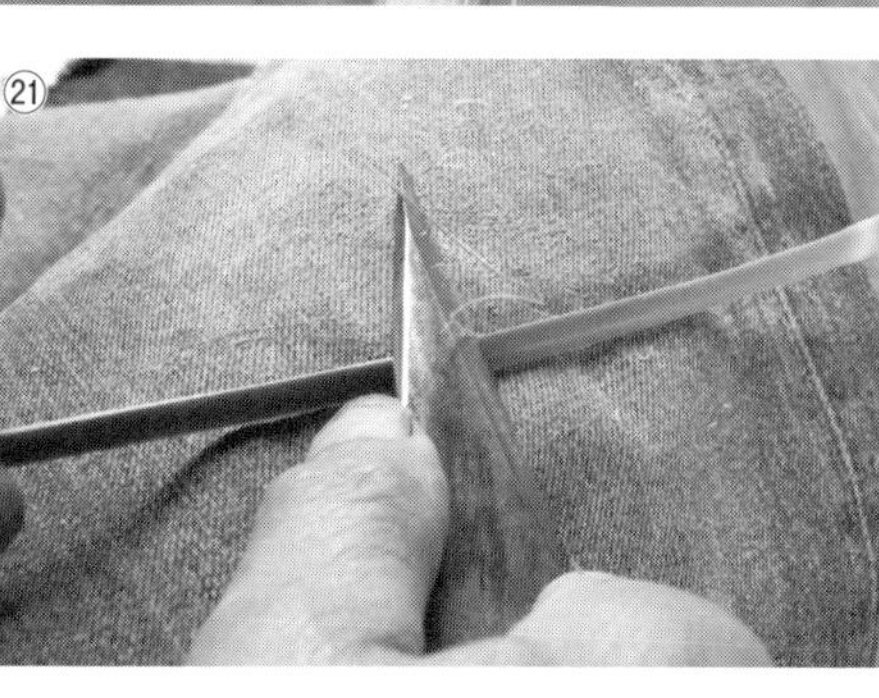

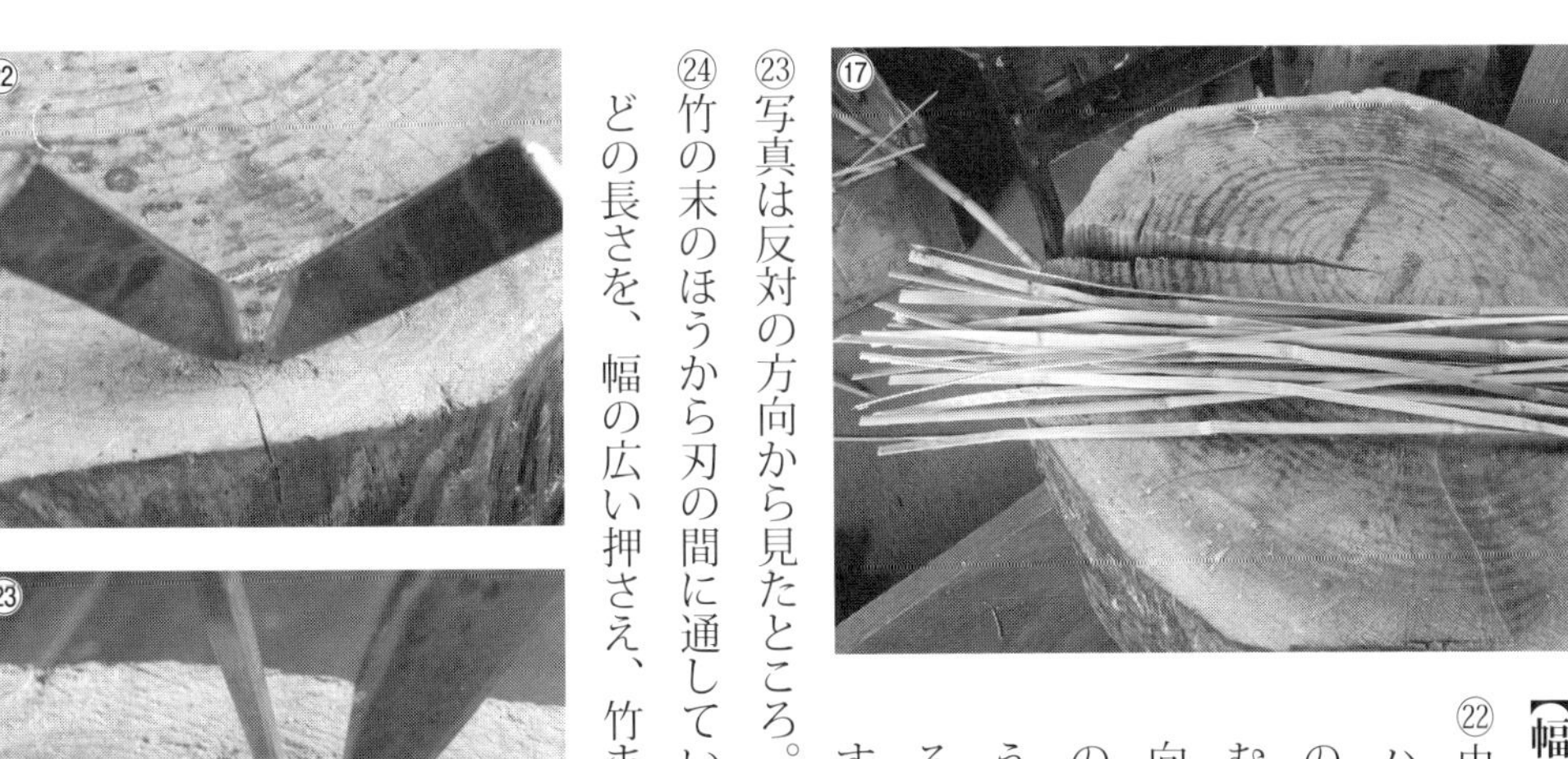

入る。

【幅引きの手順】

㉒巾引き小刀を、ハの字の形に木の台に打ち込む。刃が内側に向くように、刃の部分の上のほうが少し広くなるようにすると、少し広めの竹でも通すことができる。

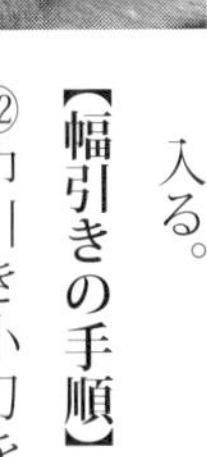

㉓写真は反対の方向から見たところ。

㉔竹の末のほうから刃の間に通していく。皮を上にして20㎝ほどの長さを、幅の広い押さえ、竹または木片で押し下げながら竹を引く。

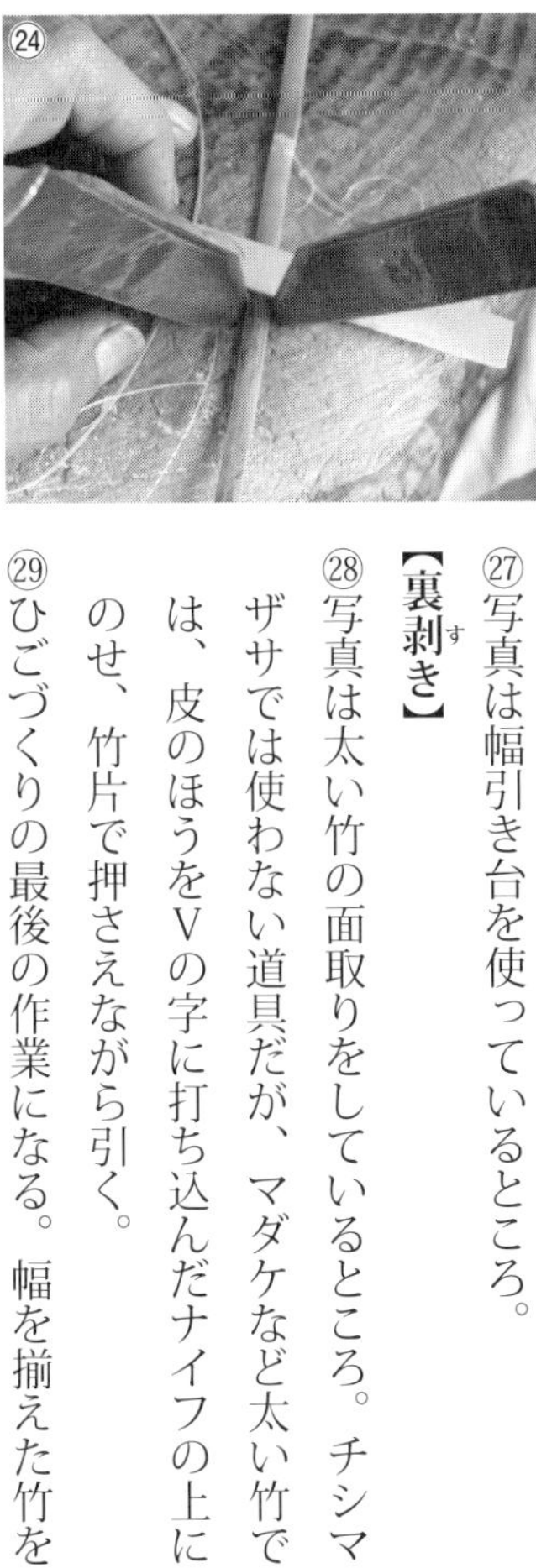

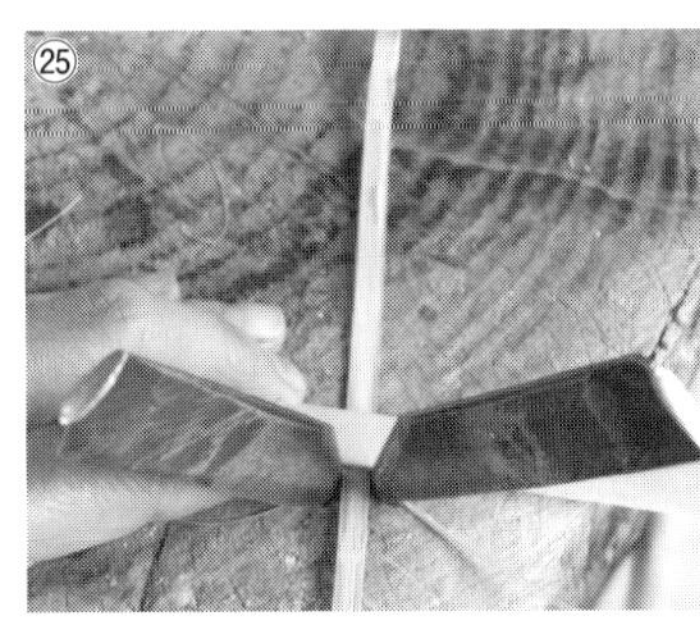

㉕続いて竹を裏向けにして残りを引く。竹を持つ手には、保護のために滑らないような手袋を付けるとよい。削りカスは、その都度払いながら作業する。

㉖でき上がった竹の幅をノギスで確認する。木の台に打ち込んだ巾引き小刀は、使っていると緩み、狂うことがあるので時々幅を確認する。

㉗写真は幅引き台を使っているところ。

【裏剥（す）き】

㉘写真は太い竹の面取りをしているところ。チシマザサでは使わない道具だが、マダケなど太い竹では、皮のほうをVの字に打ち込んだナイフの上にのせ、竹片で押さえながら引く。

㉙ひごづくりの最後の作業になる。幅を揃えた竹を

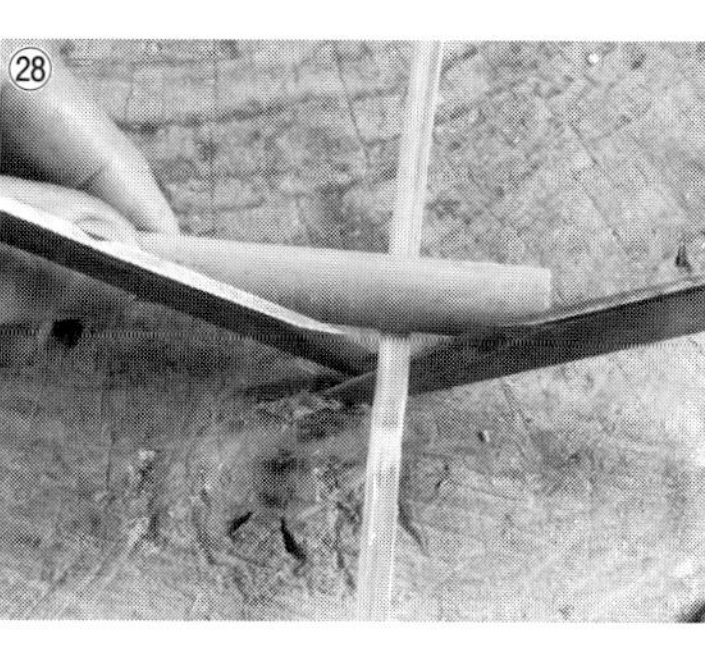

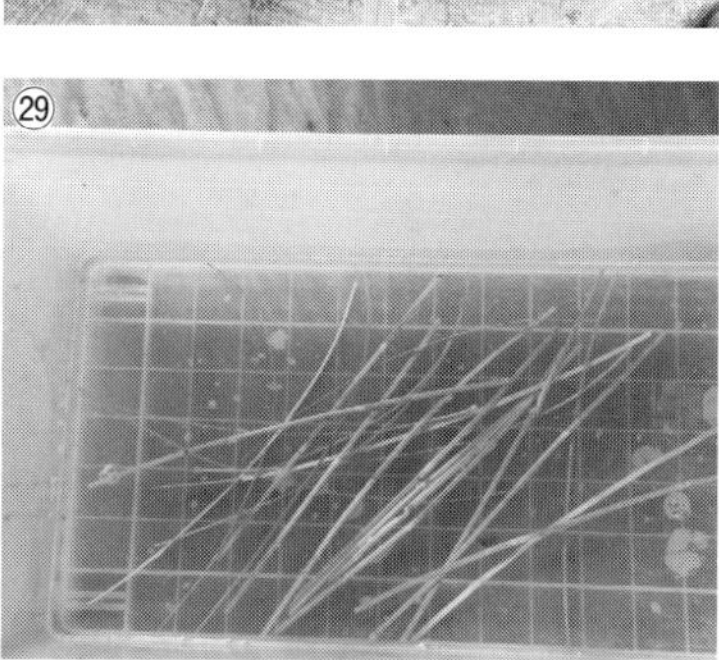

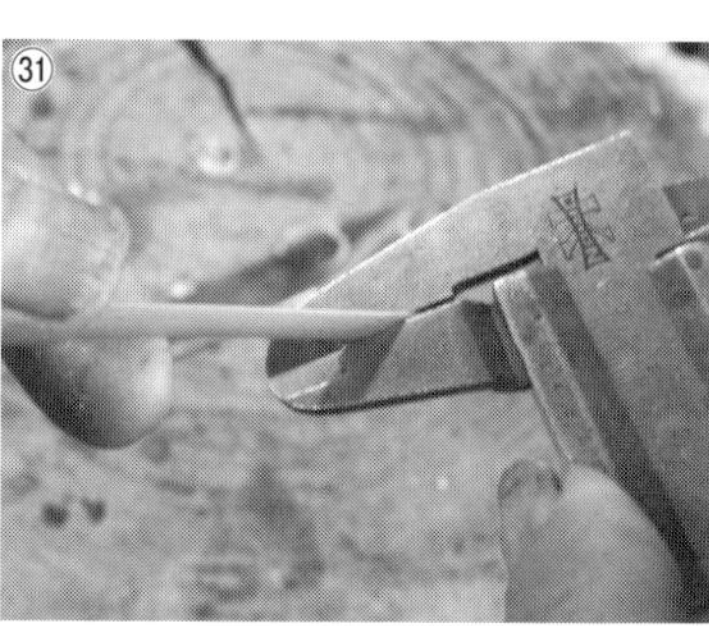

水に浸す。水分の多い青い竹はあまり長くは浸けなくてもよいが、乾燥した竹は硬いので、3～5時間ほど水を吸収させてから裏剥きをする。

㉚木の台の外側に身を上にして、切り出しナイフで削り、厚みを一定にする。竹の硬さとナイフの切れ具合で、削り具合に差が出るので、何本も練習を重ねることが必要になる。親指は木の台に固定し、刃の角度が自由になるように小刀を持ち、木の台と刃の間に竹を通して引く。竹が必要な厚さになるまで、何度でも繰り返す。

㉛写真はノギスで厚みを測っているところだが、指で挟んで厚さを感じるようになるくらいまで練習することが大切である。

㉜写真は裏剥き銑で作業しているところ。

●六ツ目編みの籠

◇籠編みで共通に使う道具

写真にある通り、左から竹切り鋸、切り出しナイフ、工芸用ハサミ（これは剪定用のハサミでもよい）、ペンチ（針金を切ったり、締めたりする）、千枚通し（隙間をつくるときに使う）、洗濯バサミ（編むときの補助具として使う）、メジャー、鉛筆。

　針金は2種類を用意する。太い針金は＃20、細

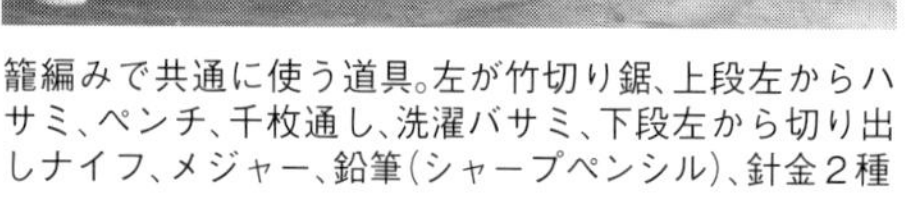

籠編みで共通に使う道具。左が竹切り鋸、上段左からハサミ、ペンチ、千枚通し、洗濯バサミ、下段左から切り出しナイフ、メジャー、鉛筆（シャープペンシル）、針金２種

い針金は＃28。

◇六ツ目編みの籠で使う材料

底編み竹：5㎜幅で50㎝のものを24本、厚みは1㎜。

胴編み竹：5㎜幅で90㎝のものを3本、厚みは1㎜。

力竹：10㎜幅で25㎝のものを3本、厚みは3㎜ほど。

縁竹：10㎜幅で90㎝のものを2本、厚みは3㎜（内側の縁は2㎜ほど）。

巻き竹：5～6㎜幅で8ｍほど。

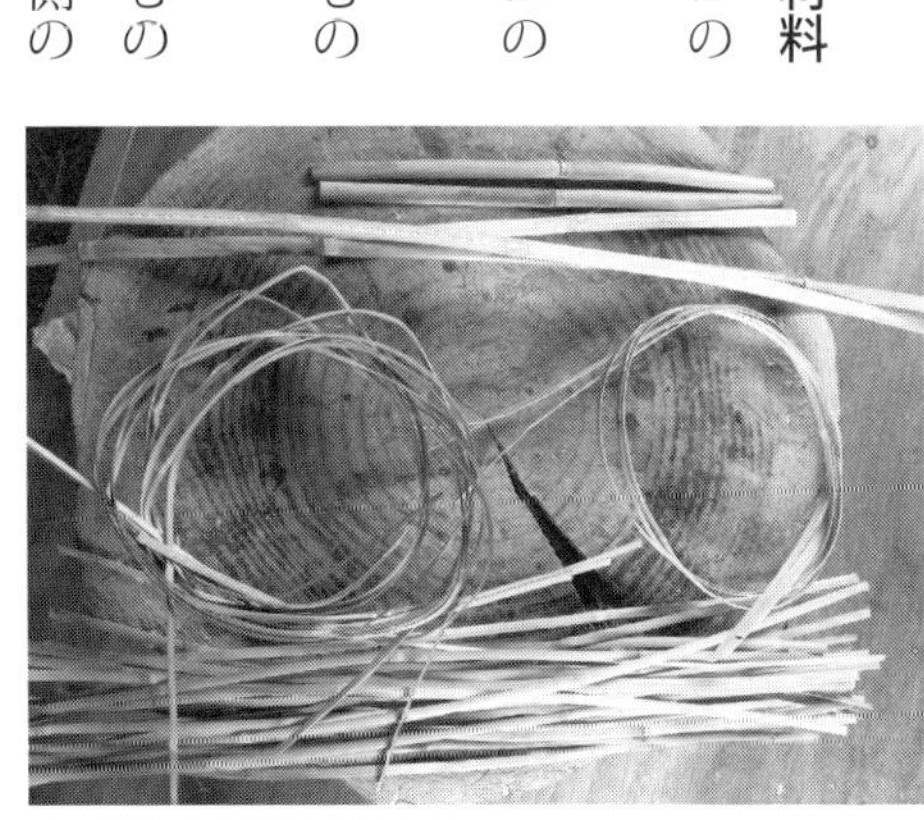
六ツ目編みの籠で使う材料

◇六ツ目編み籠の手順

①ひごは、編んでいる最中に時々霧吹きなどで湿らせる。これは滑り止めと、水分を含んで軟らかくなり、編みやすくなるから。ひごは、竹の性質上曲がっているが、しっかり編むことで矯正される。

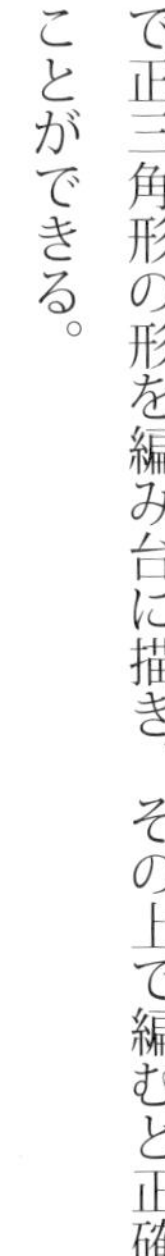

②六ツ目編みは、正三角形の組み合わせとなるので、慣れるまで正三角形の形を編み台に描き、その上で編むと正確に編むことができる。

③編み始めの1本目は、右上がりに置く。

④2本目は左上がりに置く。

⑤3本目は、①と②の交差しているところで、下になっている①をすくう。これで正三角形ができる。

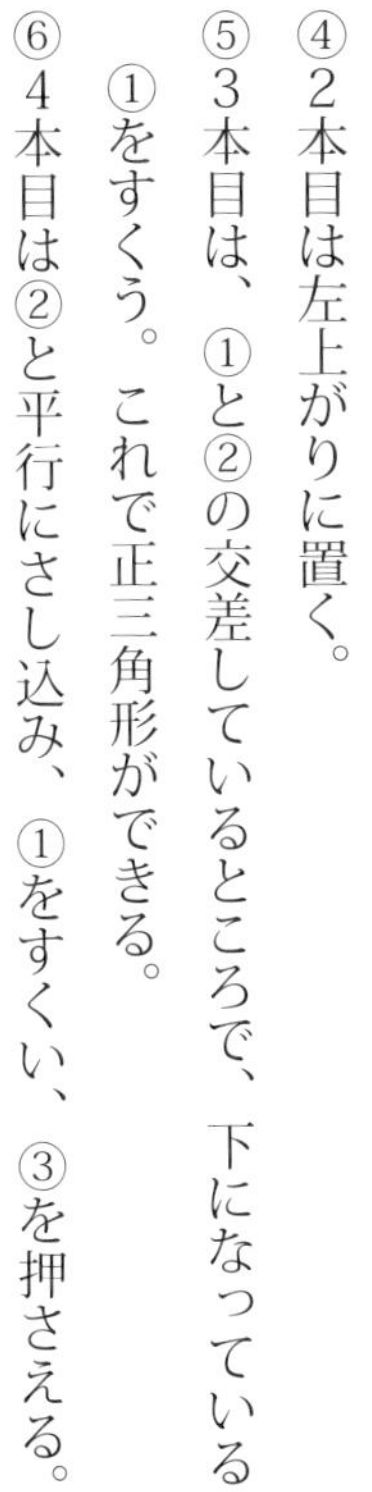

⑥4本目は②と平行にさし込み、①をすくい、③を押さえる。②と④の間には交差の部分が1つあるので、交差の部分で下になっている竹①をすくい③を押さえることで、正三角形をつくり、組んだことになる。六ツ目編みではこのように上下

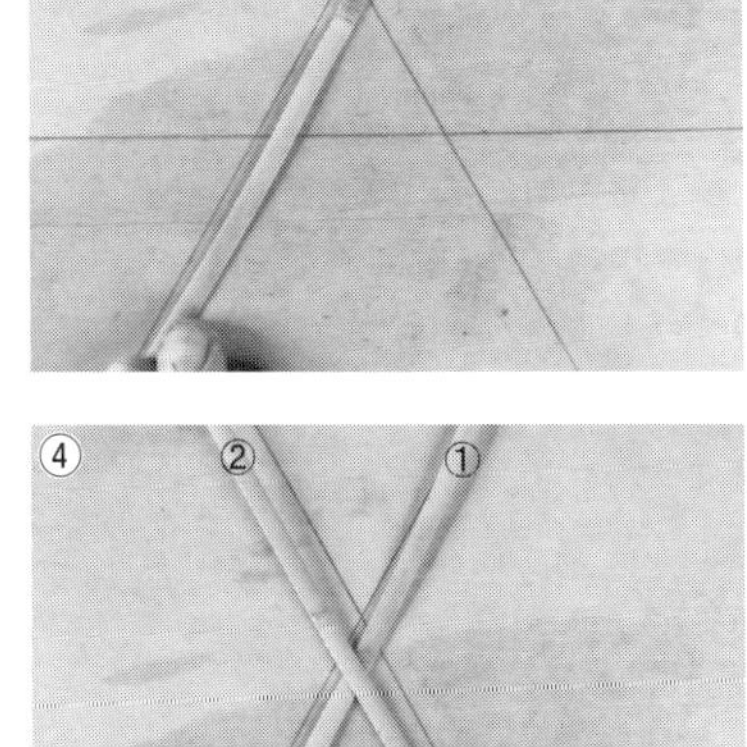

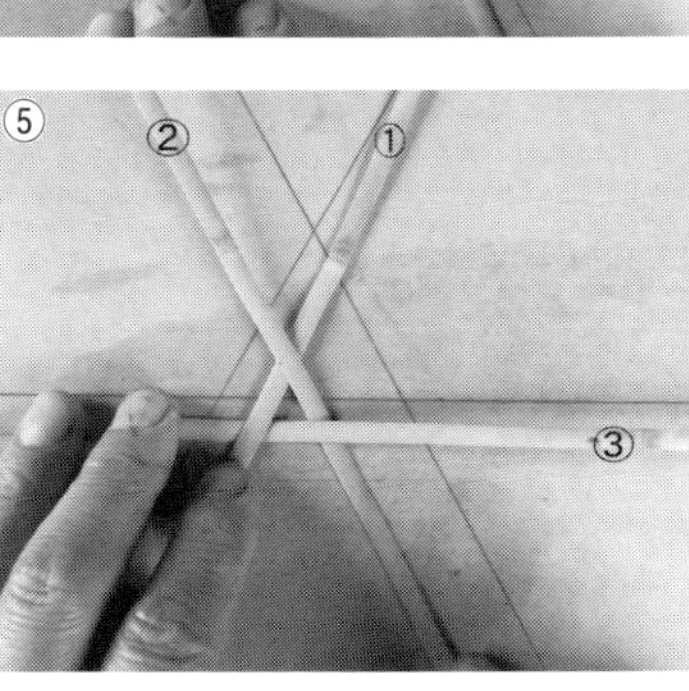

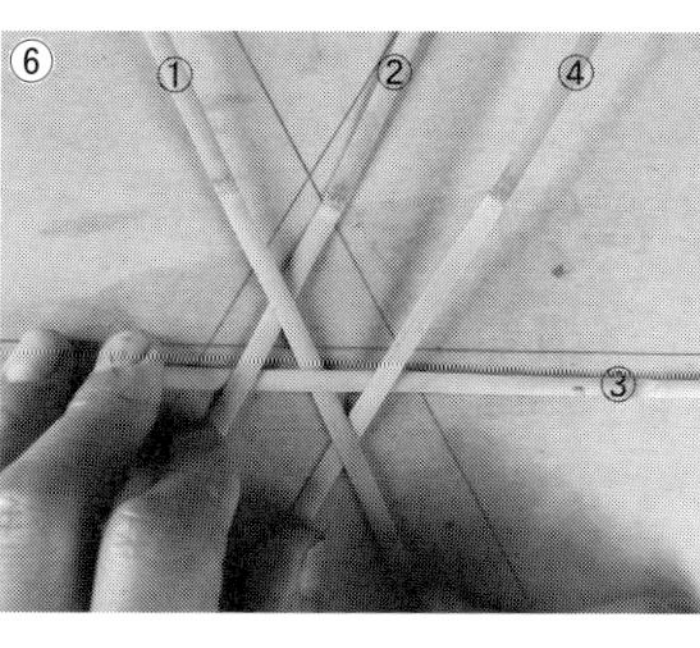

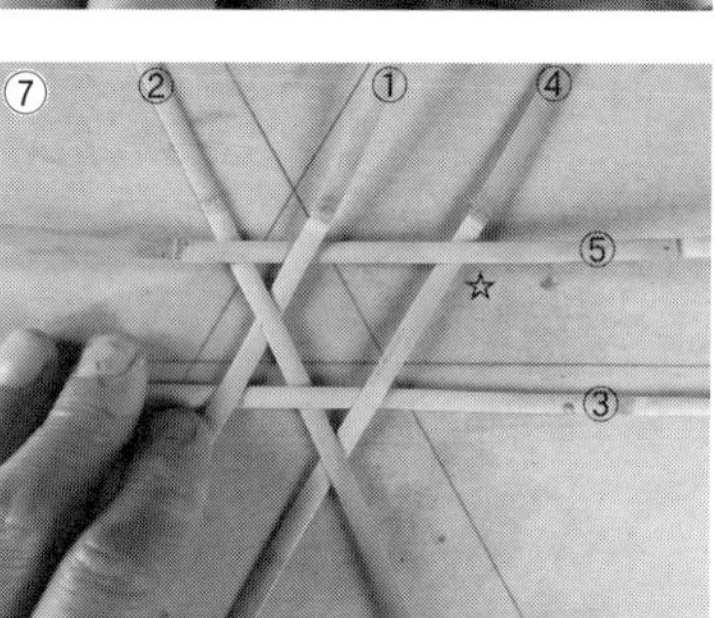

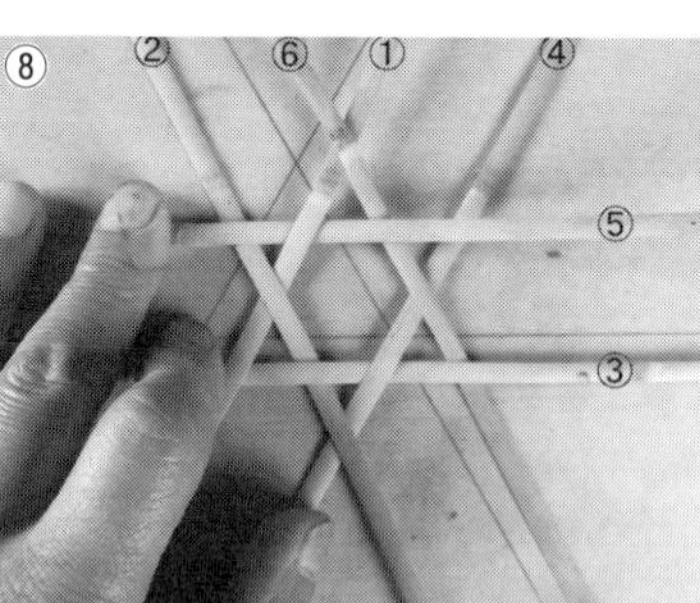

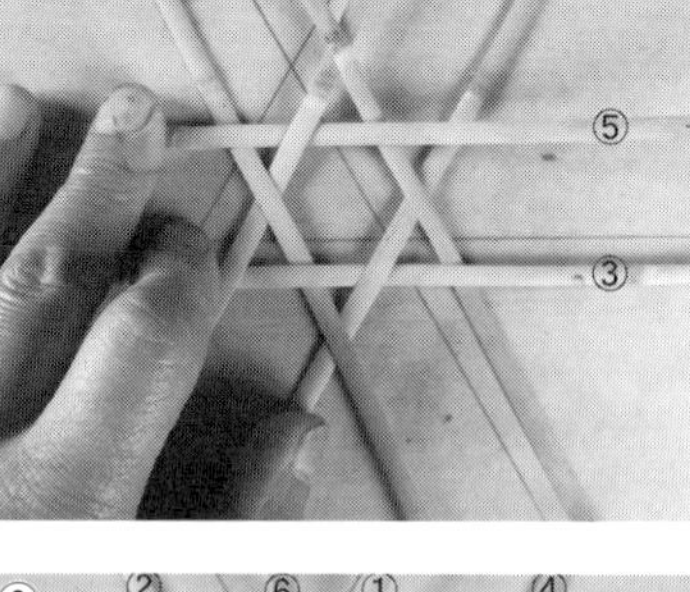

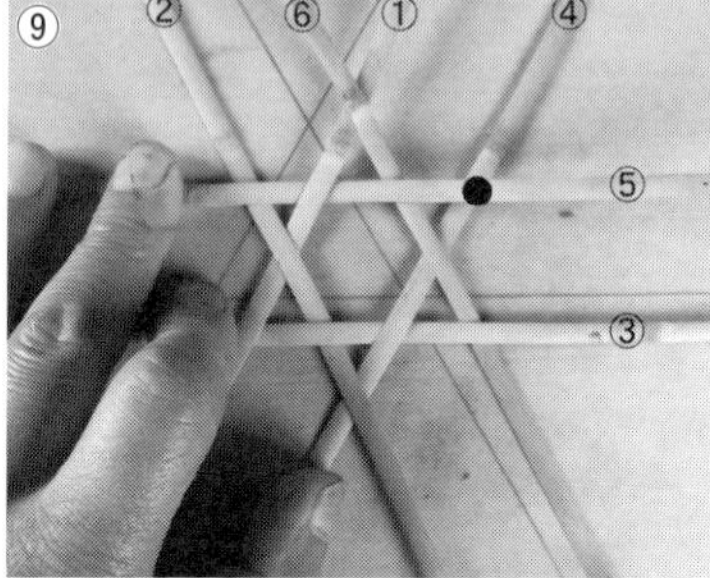

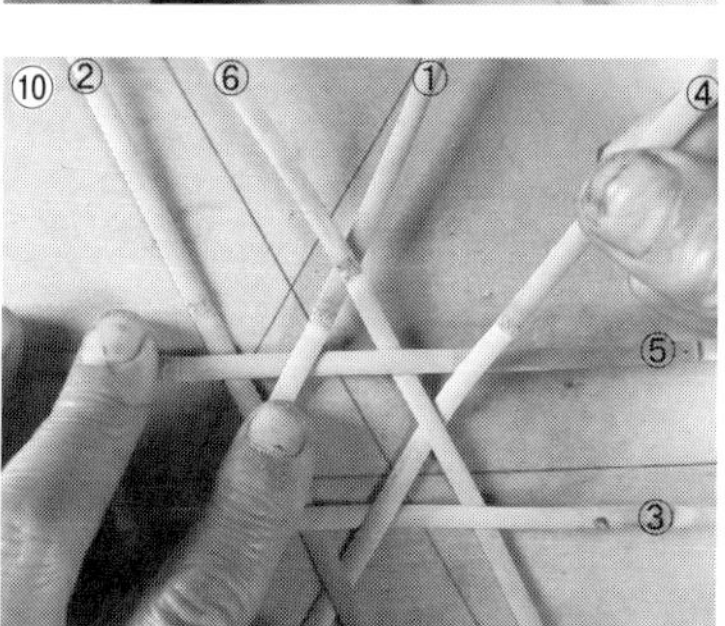

上下と組むことを繰り返し、目をつくっていく。

⑦5本目は②を押さえ、①をすくう。また④も押さえる(☆の部分)。これで⑤は上下上下を順に繰り返している。

⑧6本目で、六ツ目ひと目ができ上がる。③と⑤をすくい、①と④を押さえる。これで六ツ目に見えるが、正三角形の頂点が他の5か所と違っている。

⑨●のところで④を⑤の上に組み替えると、ほかの竹と順に上・下・上・下と交差し、ほかの5か所と同じ組み方になる。

⑩組み替えて六ツ目編みの1周目が完成。六ツ目の大きさは、2本の平行な竹の外側を測って35㎜ほどになる。

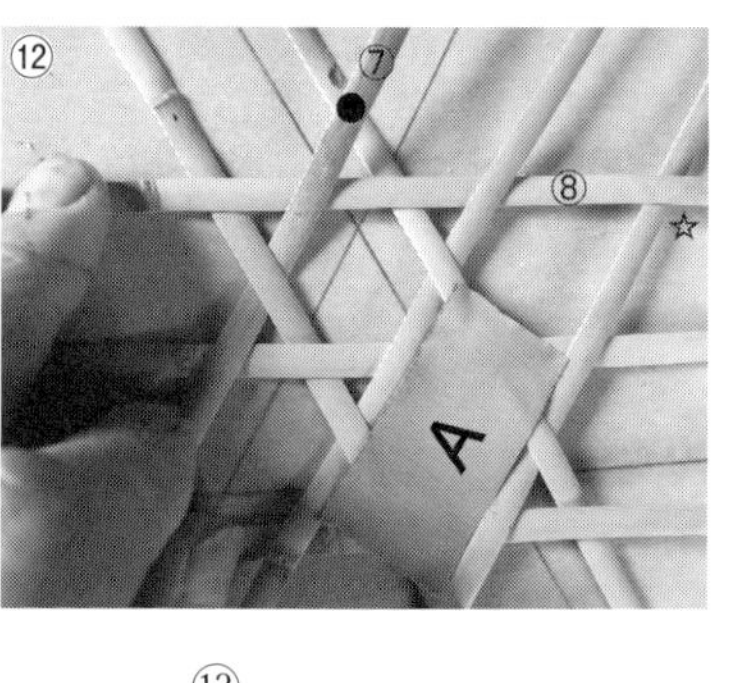

⑪2周目に入る。これからは6回逆時計回りに回しながら編み進めるので、中心がわかるように印を付けておきたい。そこで写真にあるように、テープを貼ってAと書いた。7本目は、平行になっているその下の竹との間に交差の部分が一つある(●のところ)。交差の部分で下になっている竹をすくい、上になっている竹を押さえる。以後本数が増えると交差の部分が増えていくので、すくう竹、押さえる竹の本数も増えていく。そして、交差の部分の左側にある1本の下にする(★のところ)。右側の1本の上に置く(☆)。

⑫8本目は、全体を6分の1回して⑧を入れる。ここでは、下に交差の部分が2つあるので、2本すくって、

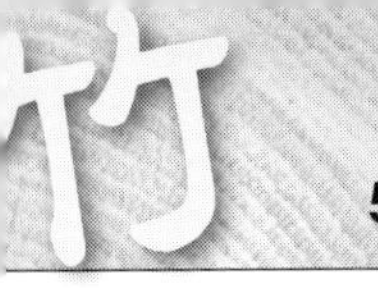

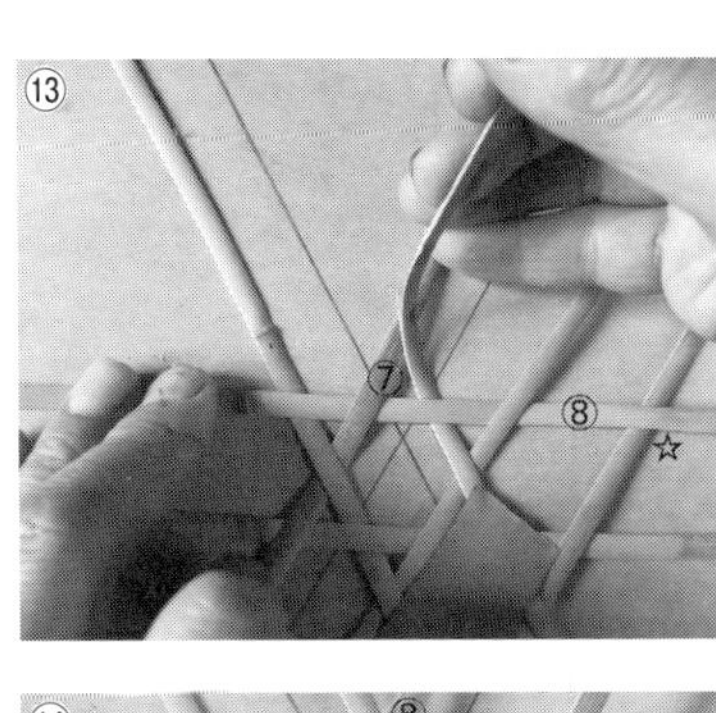

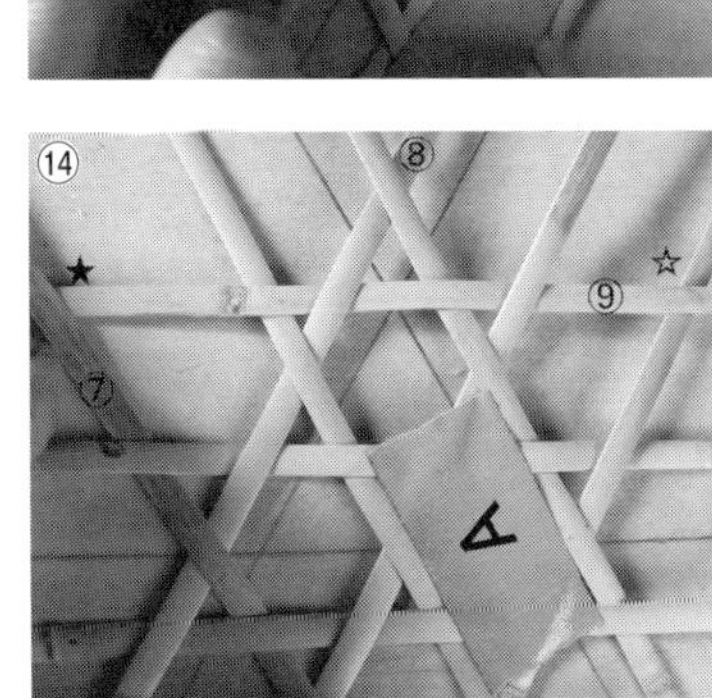

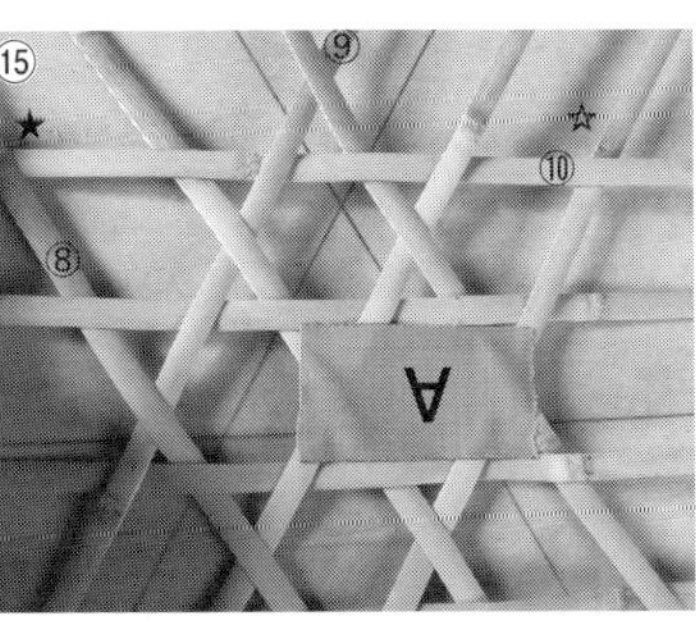

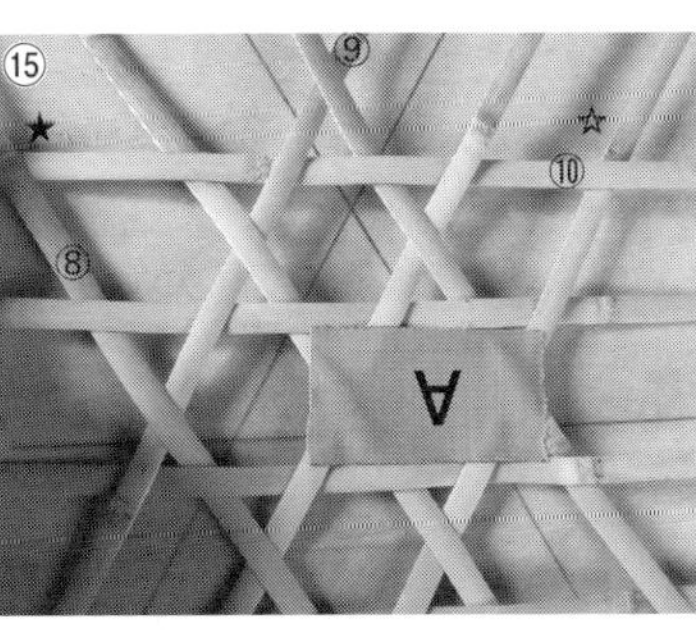

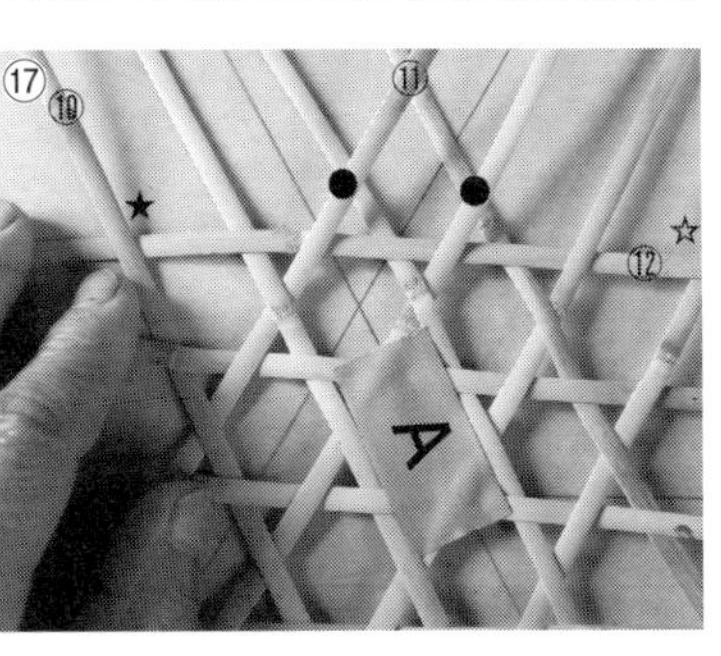

2本押さえとなる。その右には1本あるので、上に置く(☆のところ)。●の部分を組み替えて正三角形をつくる。

⑬写真は組み替えているところ。

⑭9本目を入れて六ツ目が1つでき、上に正三角形を組んだところ。

⑮10本目を入れて組み替えたところ。

⑯11本目を入れて組み替えたところ。このとき右側には2本あるので、⑪の竹は2本の上に置く。

⑰2周目最後の12本目を入れた。六ツ目が2つできるので、上に正三角形が2つできている。2か所組み替える(●のところ)。

⑱組み替える本数が2か所以上になったら、片手で上になっている竹(右方向の竹)を持つ。この場合は2本になる。

⑲次に反対の手で右から下の竹(左方向の竹)を持ち、組み替える。

⑳続いて左側を組み替える。

㉑写真は2周目ができ上がったところ。

㉒写真は3周目の6本を編んだところ。

㉓写真は4周目が編み終わり、底ができ上がったと

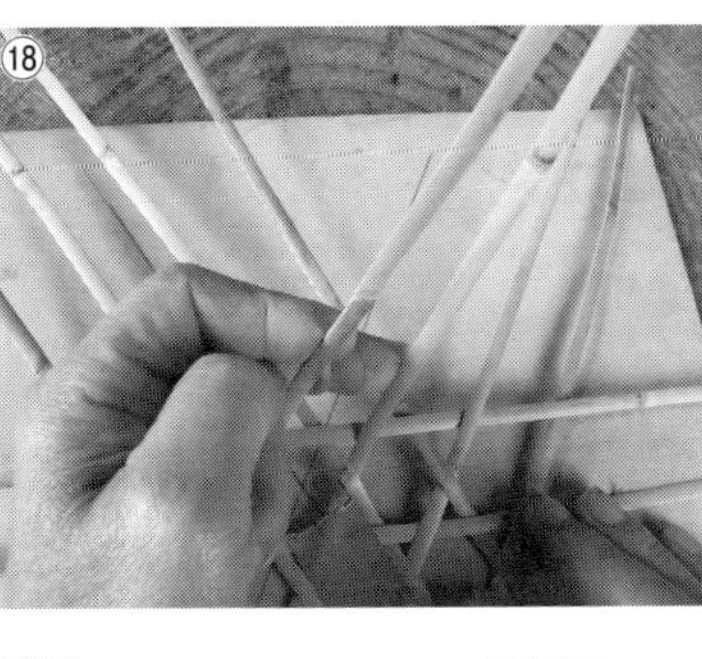

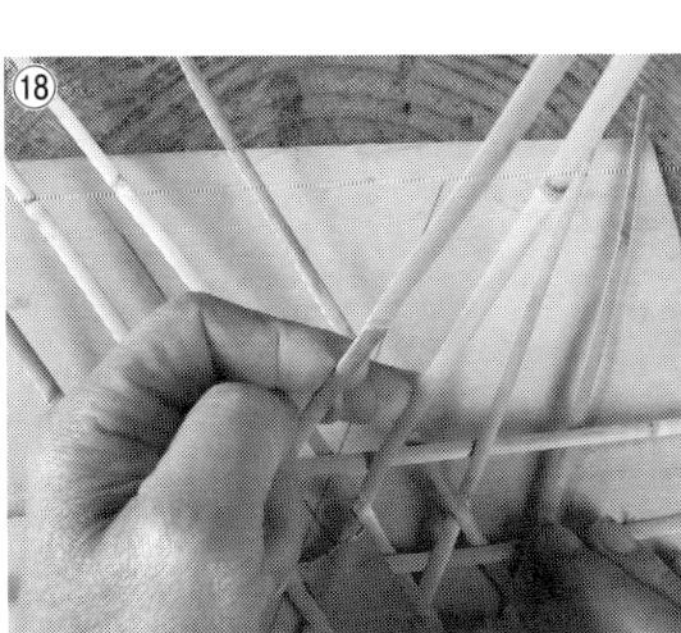

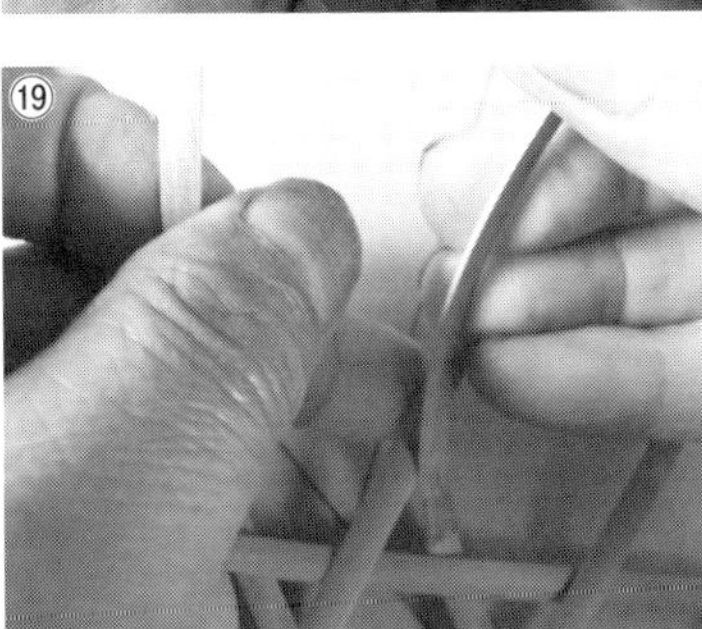

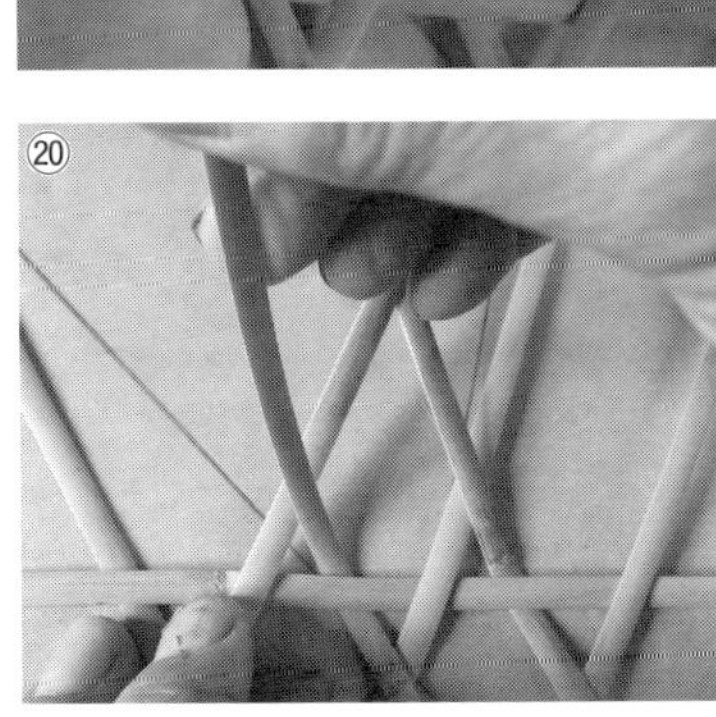

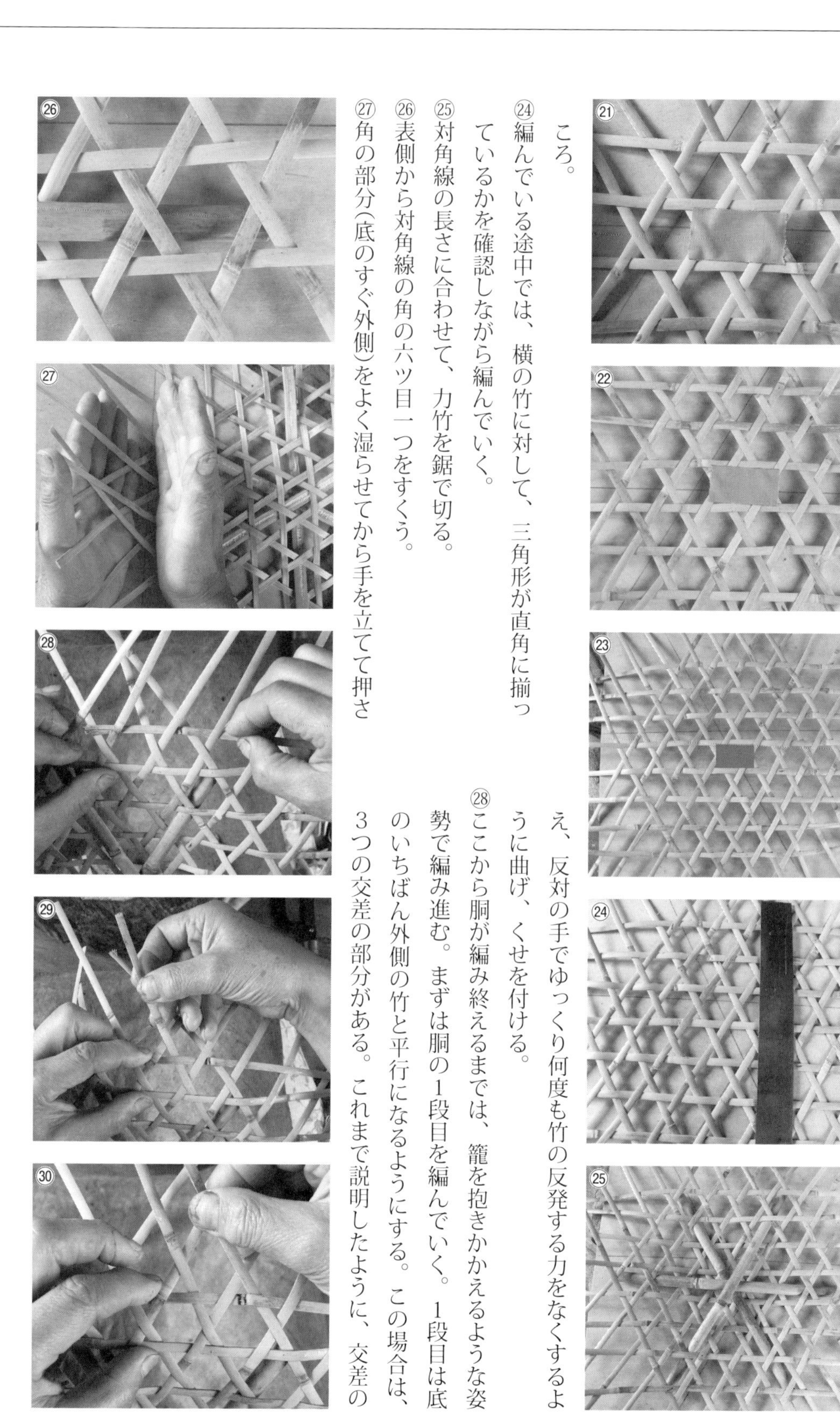

ころ。

㉔編んでいる途中では、横の竹に対して、三角形が直角に揃っているかを確認しながら編んでいく。

㉕対角線の長さに合わせて、力竹を鋸で切る。

㉖表側から対角線の角の六ツ目一つをすくう。

㉗角の部分(底のすぐ外側)をよく湿らせてから手を立てて押さえ、反対の手でゆっくり何度も竹の反発する力をなくするように曲げ、くせを付ける。

㉘ここから胴が編み終えるまでは、籠を抱きかかえるような姿勢で編み進む。まずは胴の1段目を編んでいく。1段目は底のいちばん外側の竹と平行になるようにする。この場合は、3つの交差の部分がある。これまで説明したように、交差の

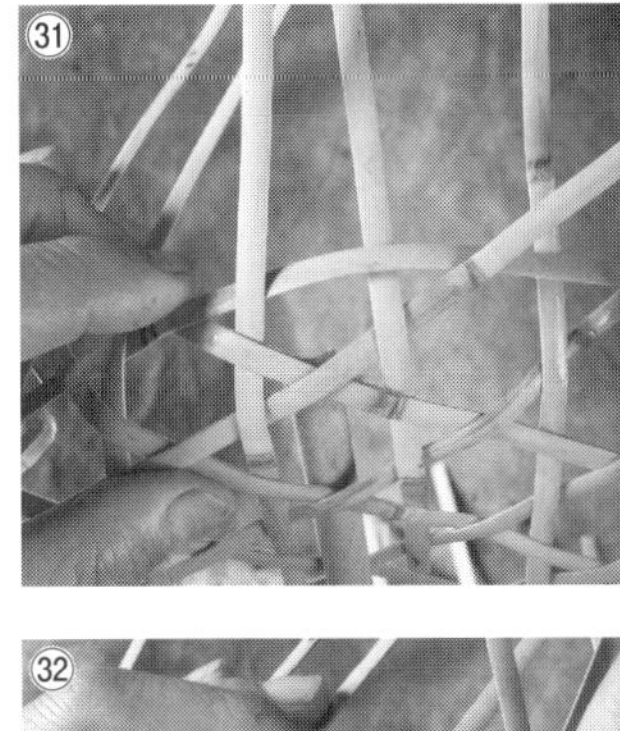

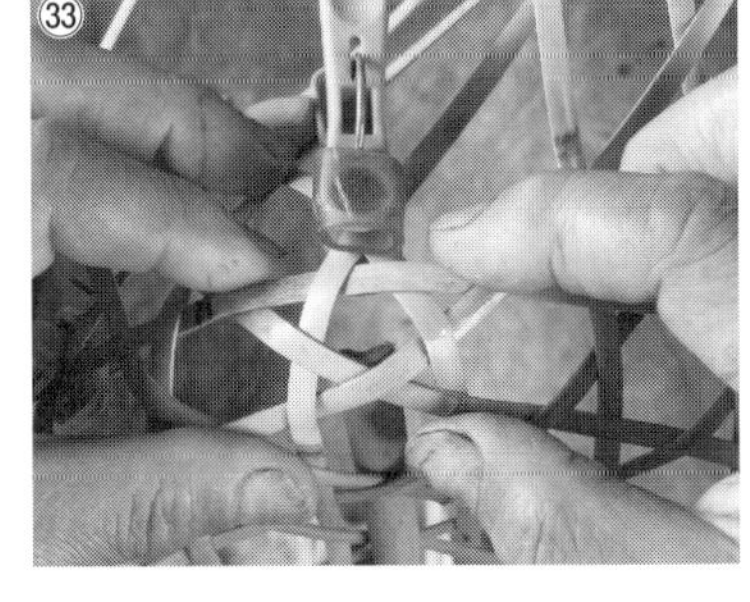

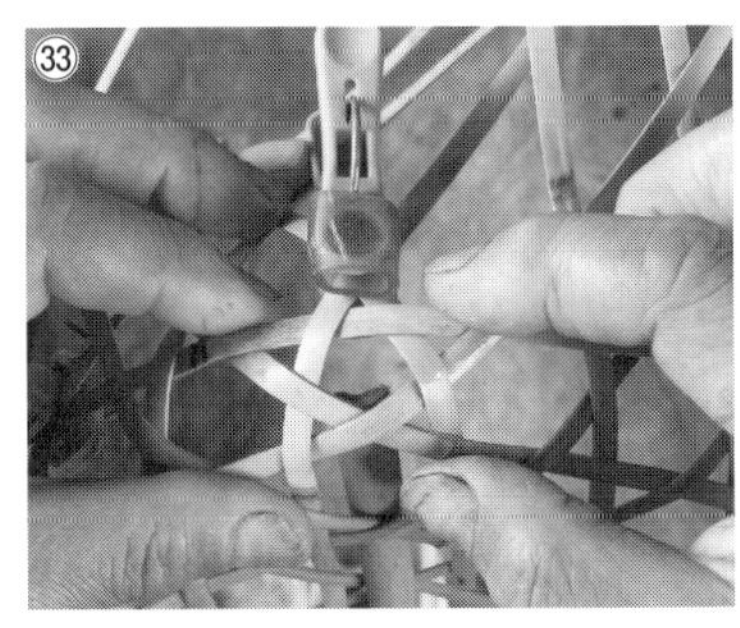

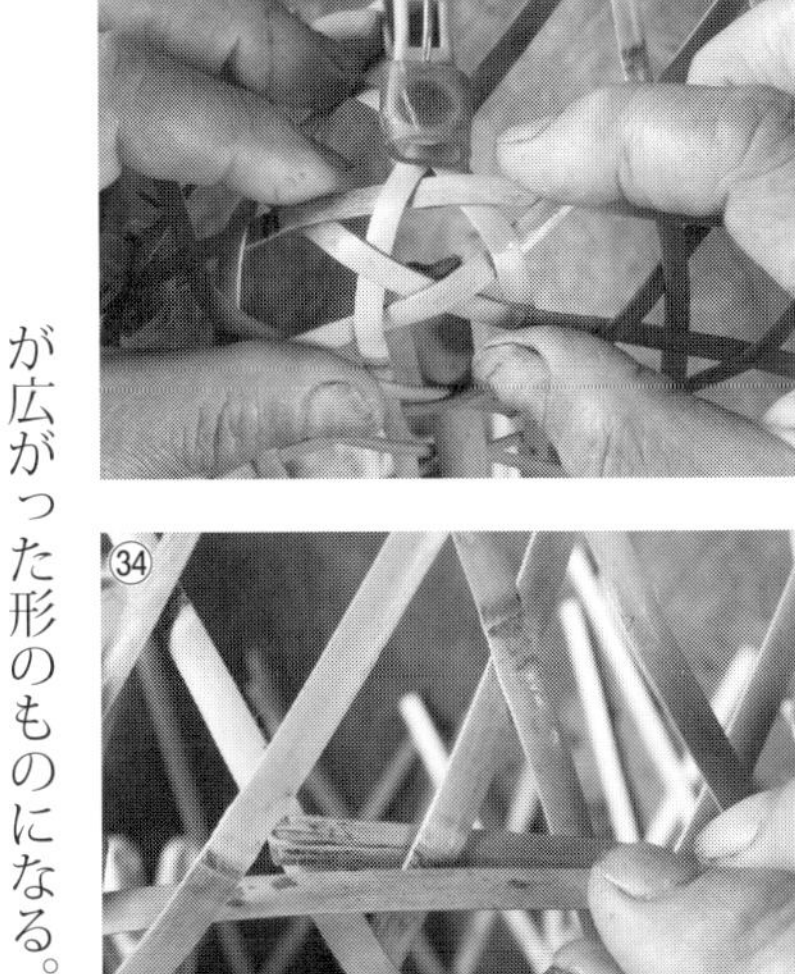

部分で下になっているほうの竹をすくう。

㉙胴編みの場合、左から順に組んでいく。

㉚写真は右端までを組み終わったところ。

㉛対角線の角の部分は、五角形ができる。

㉜五角形の上も組む。この五角形は小さめにつくる。同じ方向の竹は、常に平行になるように編む。広がるように編むと籠が広がった形のものになる。

㉝編んだ目が崩れないように、洗濯バサミでところどころ挟んでおくとよい。

㉞写真は、角に五角形を6つつくり、1周したところ。

㉟重なりしろは3目ほどにする。重なりの部分は2枚になる。ここも洗濯バサミで挟んでおく。

㊱編み始めの場所は、1段目とずらしたところにする。2段目を編み始める前に、胴編み竹の長さを測る。

㊲2段目が1周したところで、何cm残っているかを測る。最初測った長さから、残りの長さを引くと周囲の長さが出る。3段目の竹の1周の長さの位置に印を付けて編む。

㊳写真は3段目を編んでいるところ。竹は常に湿ら

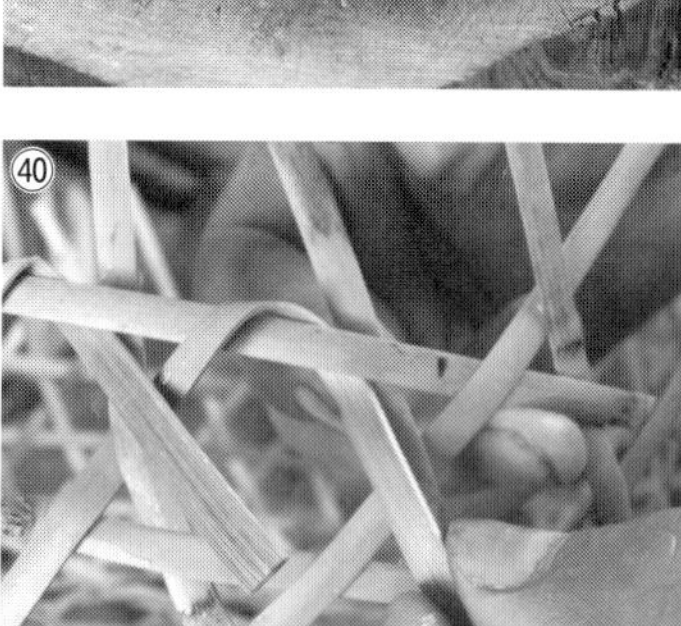

せて編むようにする。
㊴写真は3段目を編み終えたところ。
㊵3段目が終わったら、残りの上の竹をよく湿らせて、右方向の竹を3段目のすぐ上で斜めに折り曲げる。
㊶折り曲げた山の部分は平たくなるように、ペンチで押しつぶす。

㊷左方向の竹は、3段目の上をハサミで切っておく。
㊸縁竹を取り付ける。はじめに外側の縁からつくる。手で曲げくせを付けて、籠の口の大きさになるようにする。
㊹曲がりにくいときは、ローソクの火などで焦がさないように曲げ、くせを付ける。
㊺曲げくせを付けた外縁を、直接籠に当てて、周囲の長さを測

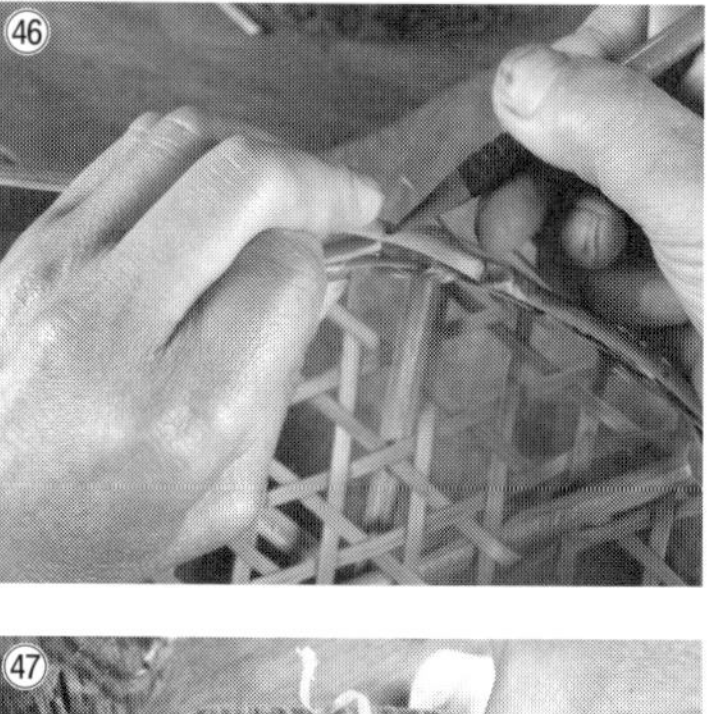

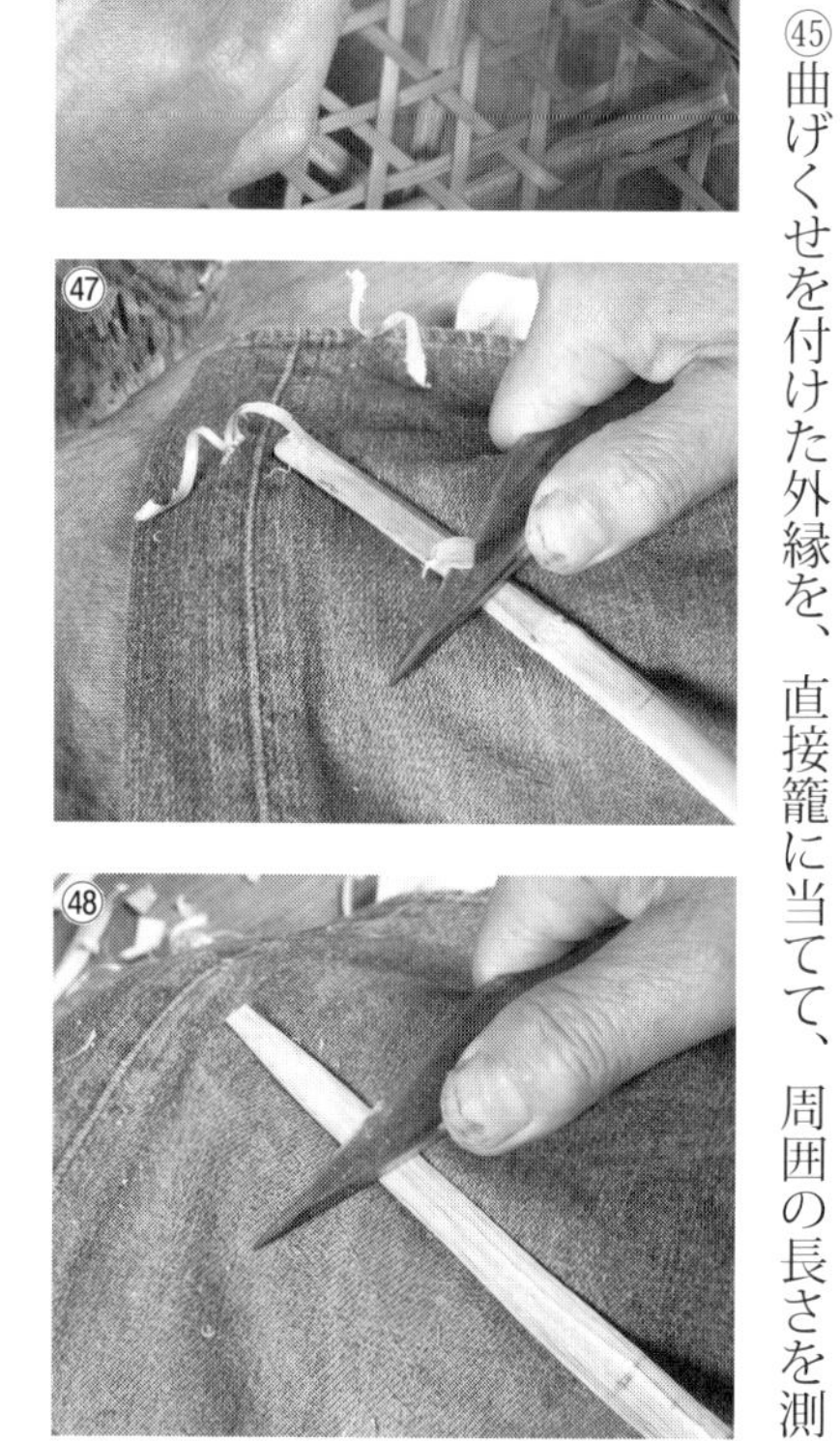

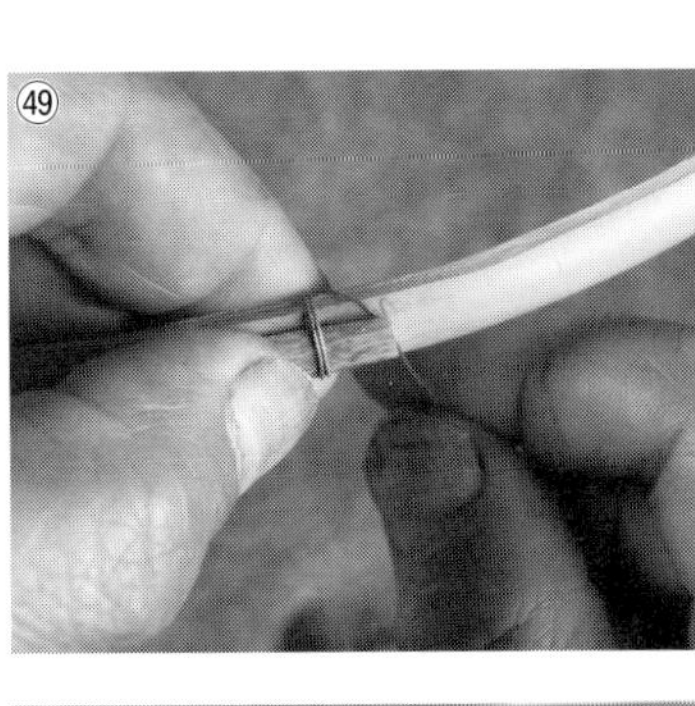
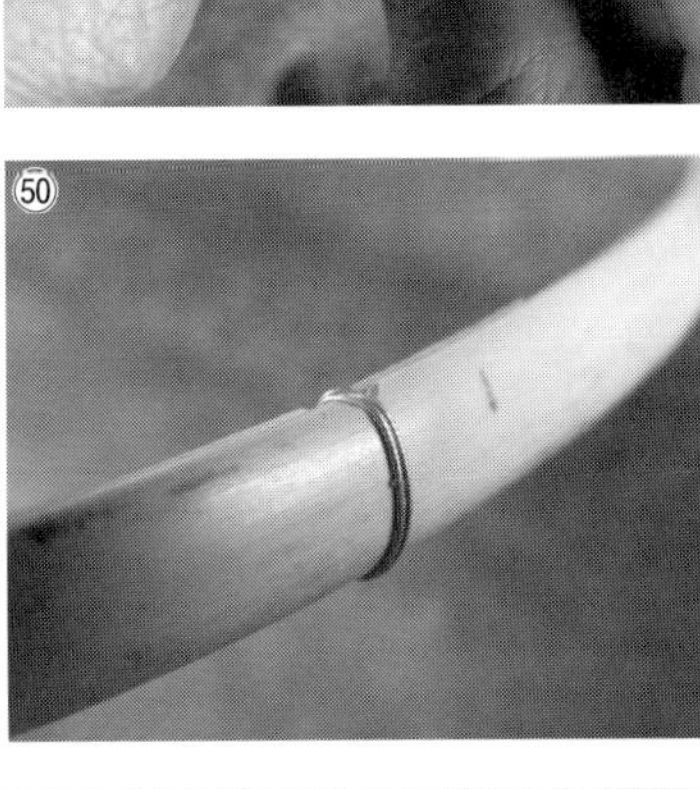
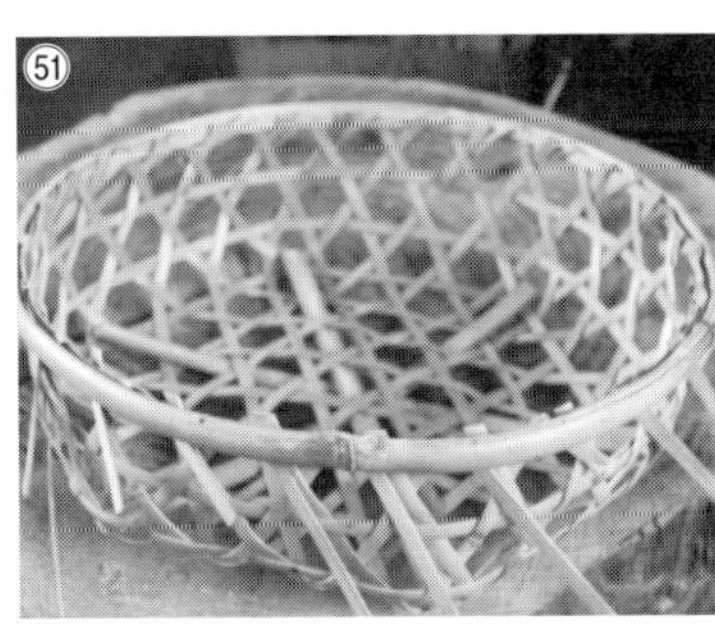
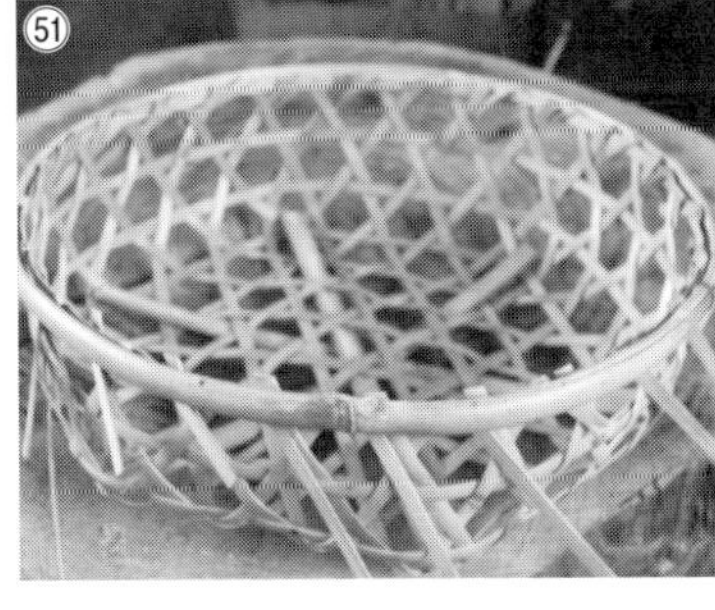

る。

㊻きつめに測り、竹に印を付ける。重なりしろ10㎝を残して、余分な長さは切り落とす。

㊼重なりしろを削る。竹の元のほうの皮を、先のほうが次第に薄くなるように削る。

㊽末のほうは裏側を同じく、次第に薄くなるように削る。

㊾重なりを2か所、細い針金で巻き止めする。

㊿もう1か所は切り込みを入れて巻く。

51円形にできあがった縁竹を取り付ける。

52内側の縁も火で曲げくせを付ける。皮が内側になるように曲げる。皮を内側にして曲げるときに、無理をすると折れるので、慎重にしかも焦げないように行なう。

53外縁と同じように、直接籠の内側に当てて長さを測り、重ねしろ10㎝ほどを足して、残りを切り落とす。

54重なりを削ったら、太い方の針金で外縁と内縁を仮止めする。

55縁竹の下の位置で、折り曲げた竹を切り落とす。

56胴編みの余った部分も切り落とす。

57縁を軟らかな巻き竹で巻いていく。内縁と籠の間に下から上に向けて差し込む。
(58)これを籠を挟むように、外縁との間に差し込む。
(59)巻き竹は1つの目に3回ほど巻くので、1回目は目の左側に寄せて巻く。1目おきに1周する。
(60)1周したら、2周目はその右に並べて巻く。
(61)写真は巻き竹がなくなったときの処理の仕方。終わりは、外縁と籠の間に下から上に通す。このとき千枚通しを使って隙間をつくり、通しやすくする。
(62)上に出た縁竹を、今度は内縁と籠の間に通して、余った竹を切り落とす。
(63)節が縁竹の角にくるときは、折れる可能性があるので、火で節の部分を熱して軟らかくしながら巻く。

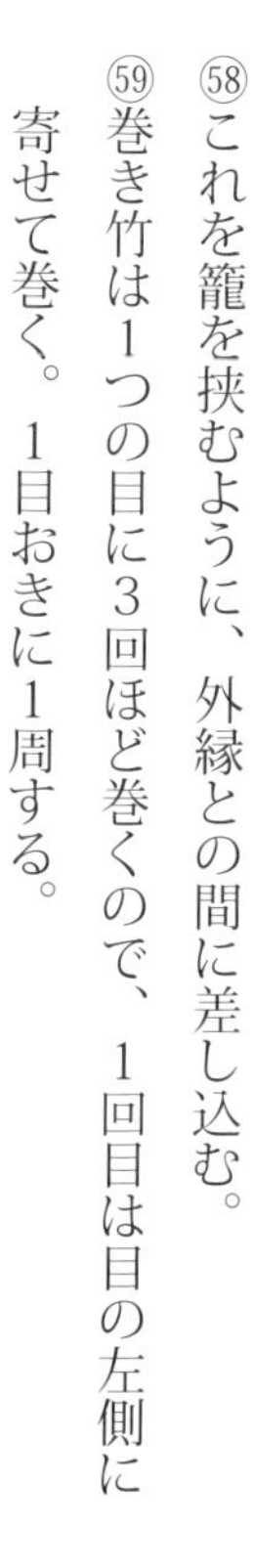

57

58

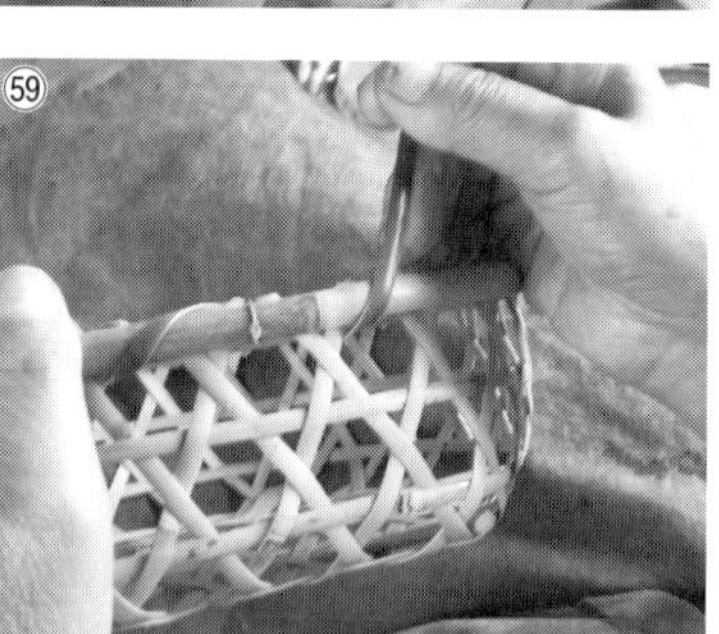
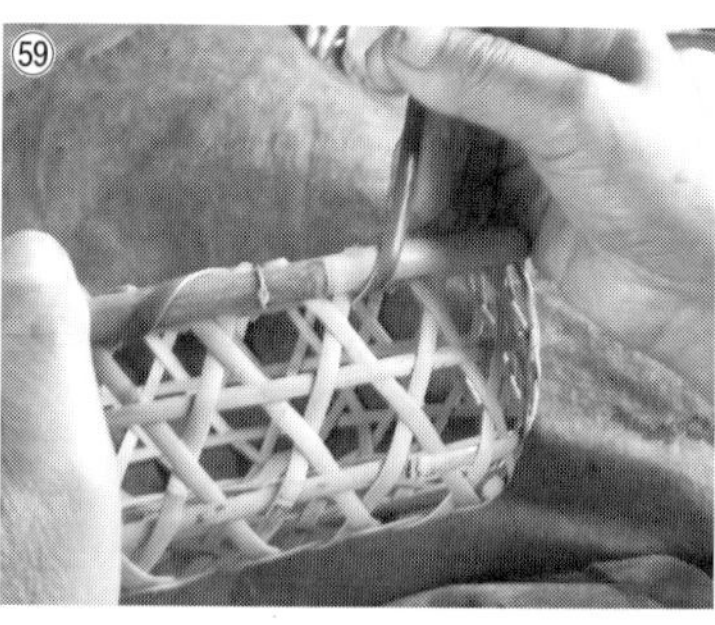
59

60

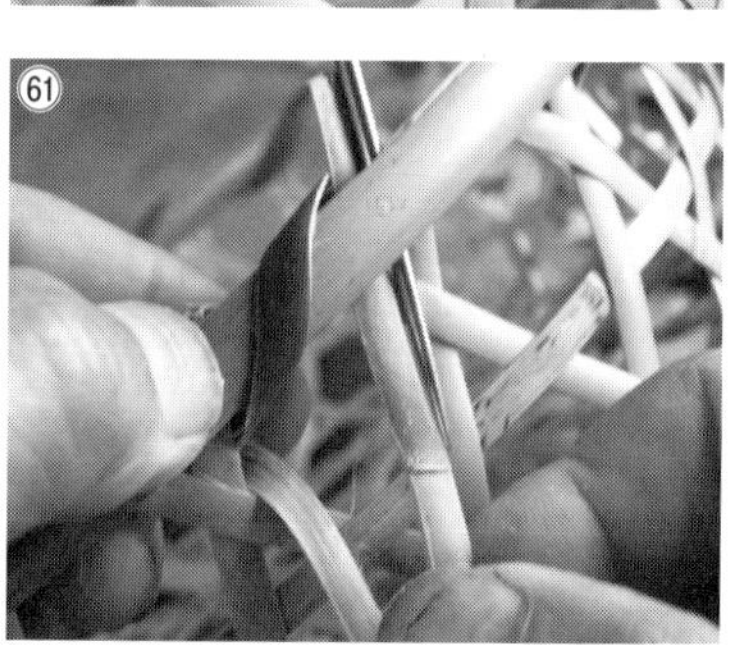
61

62
63

64

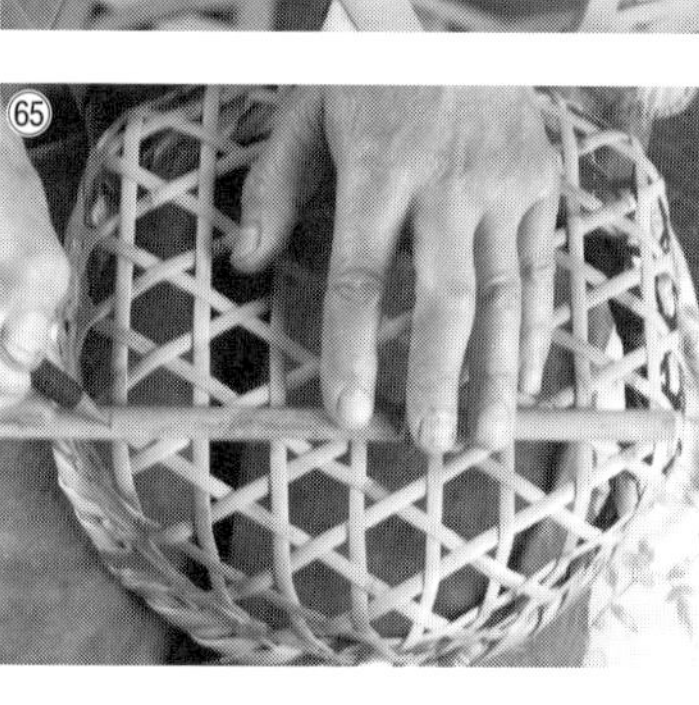
65

66

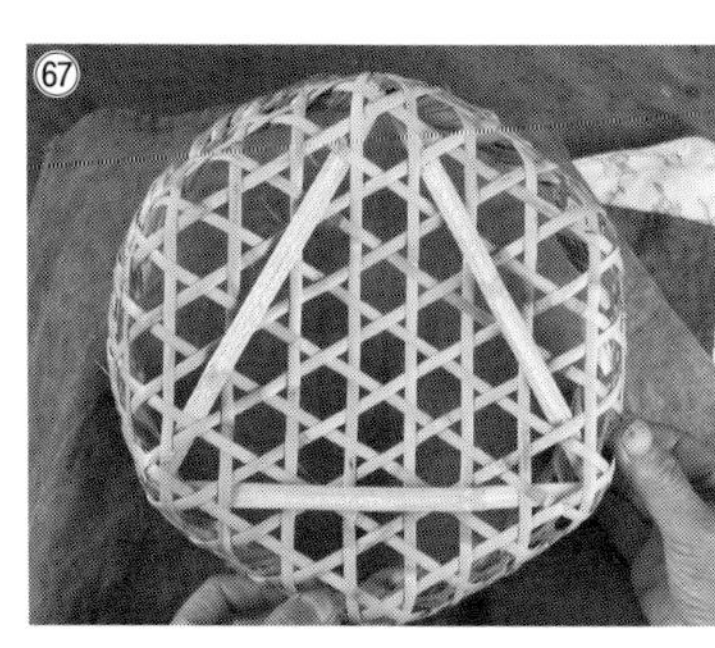

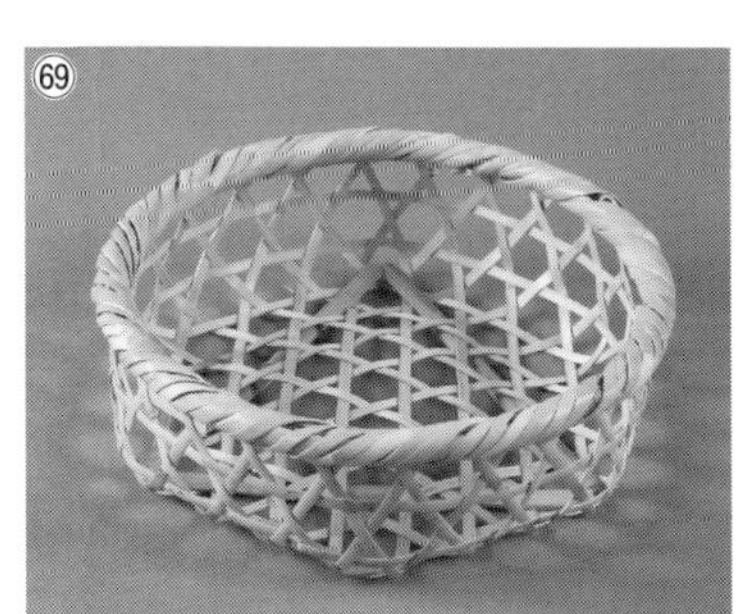

⑭1目に3回ずつ巻いたら、残りの竹を縁の下の位置で編み目に挟む。2本ほど通したら、残りを切り落とす。

⑮力竹を差し替える。力竹を底の幅に切り直す。

⑯両端のひと目を、身のほうを外側にして差す。

⑰3本を差して三角形になる。

⑱最後に縁と立ち上がりの角の部分をローソクなどの火で焦がさないように、熱してすぐ冷やすと、竹が元の形に戻るのを防ぐことができ、籠が傷みにくくなる。

⑲写真は完成した姿。

●笊を編む

◇笊編みの籠で使う材料

立竹：表皮つきの3・5㎜幅で長さ30㎝のものを11本。

編み竹：表皮つきの2・5㎜幅で長さ15m分。

芯竹：3・5㎜幅で長さ70㎝、厚み3㎜のもの。

縁竹：8㎜幅で長さ70㎝、厚み2㎜のもの。

柾割竹（まさわりたけ）：8㎜幅で長さ70㎝、厚み2㎜のものを2本。

縁巻き竹：5㎜幅で長さ6m分。

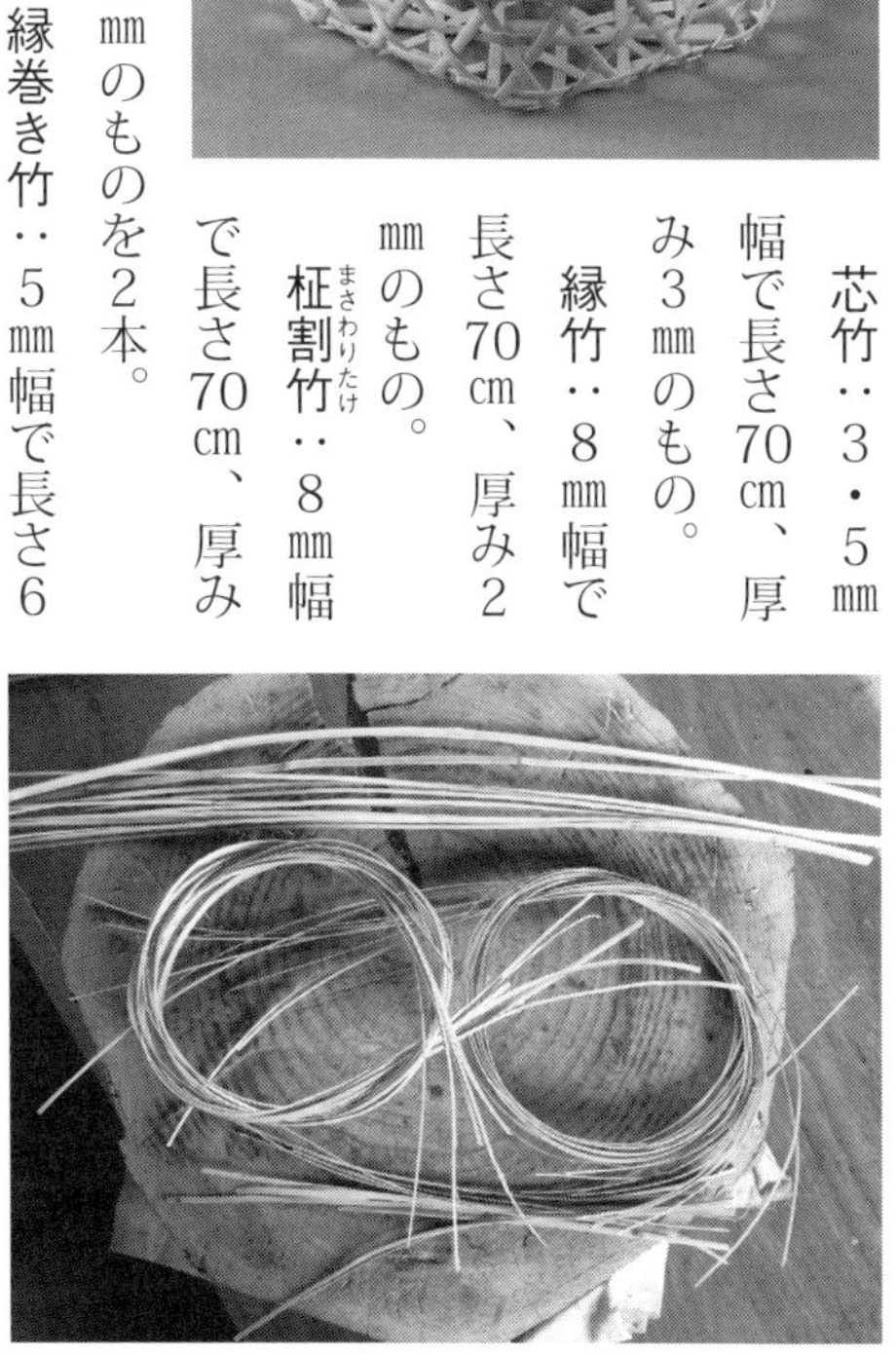

笊編みの籠で使う材料

【柾割竹のつくり方】

柾割竹のつくり方は、8㎜幅で、厚さ2㎜の竹を用意し、まず三等分に手元まで割る。さらにその半分の幅に割る。この材料づくりは難しいので練習が必要となる。

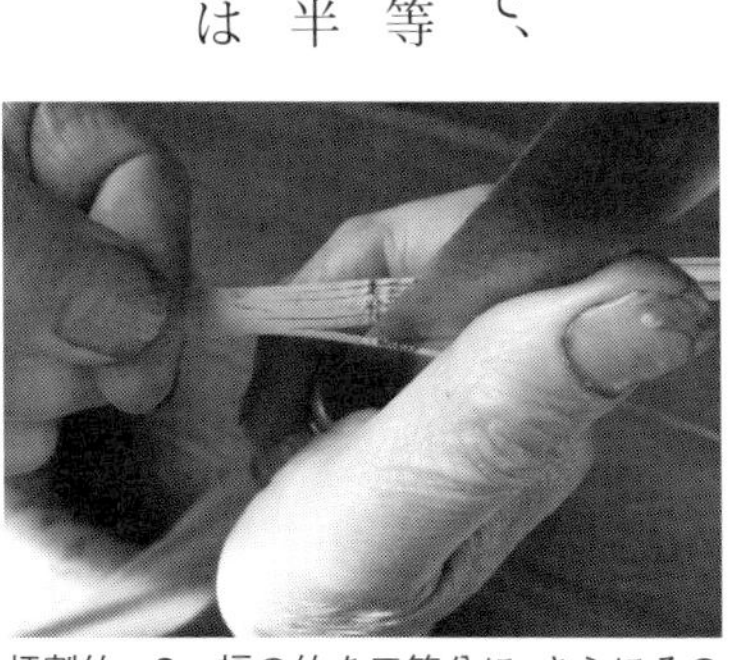

柾割竹。8㎜幅の竹を三等分に、さらにその半分に割る

●製造工程

①最初に、直径20㎝の芯になる輪をつくる。重なりしろを10㎝ほど削って、2か所を細い針金で留める。

②芯の輪を補強するために、太い針金を輪を真半分にする位置

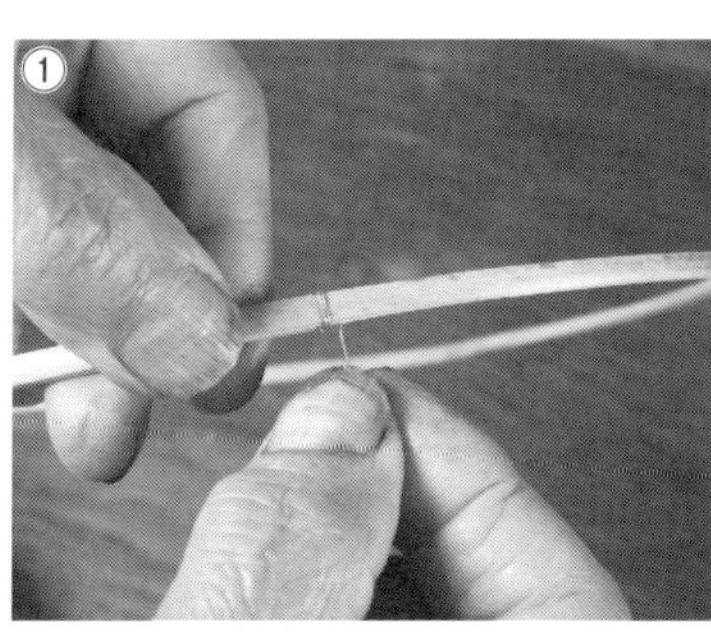

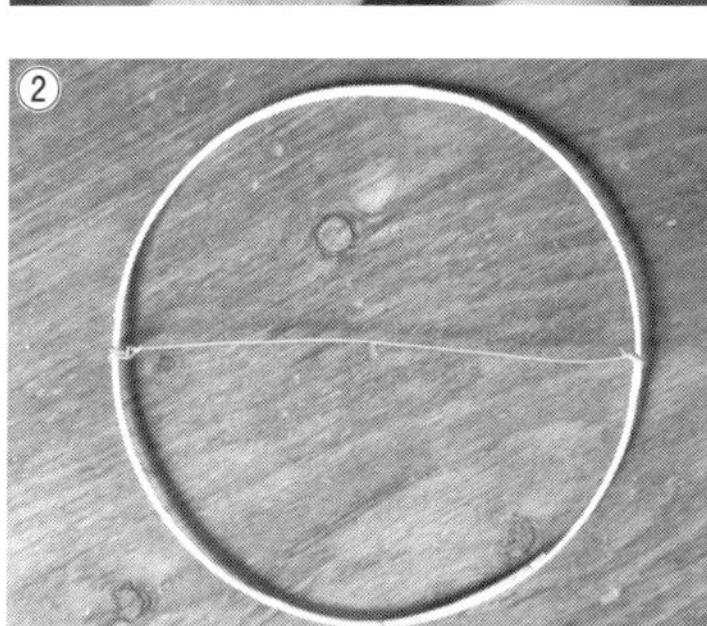
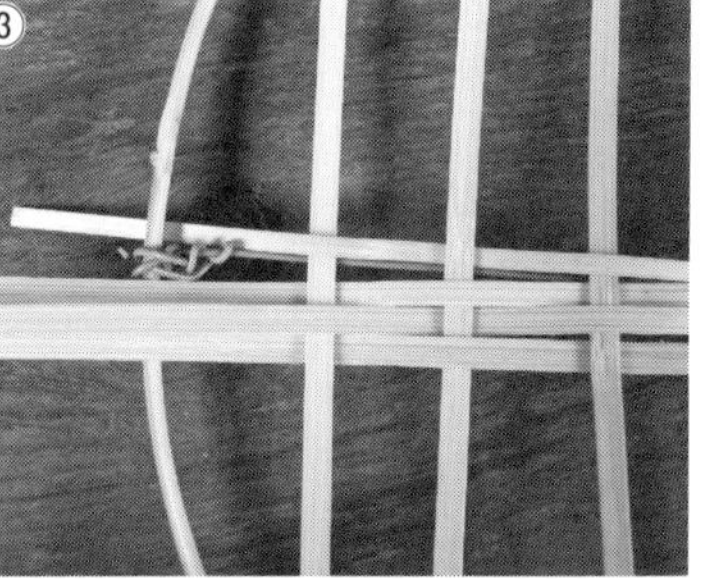
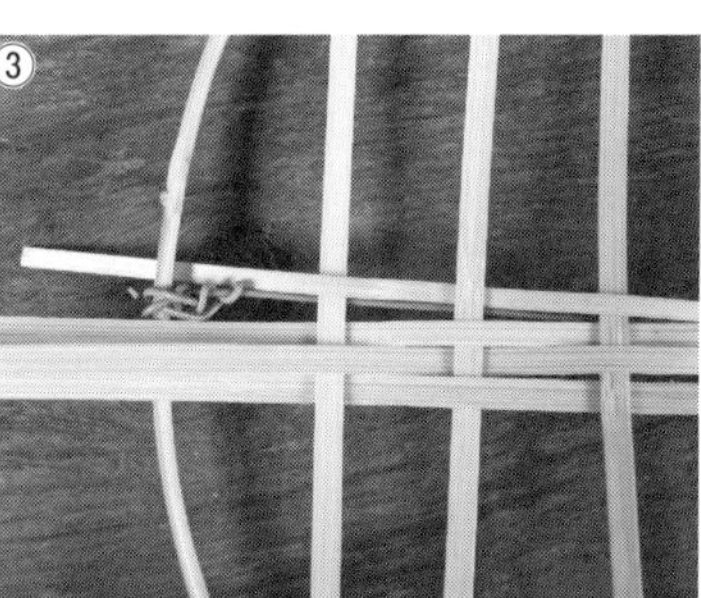
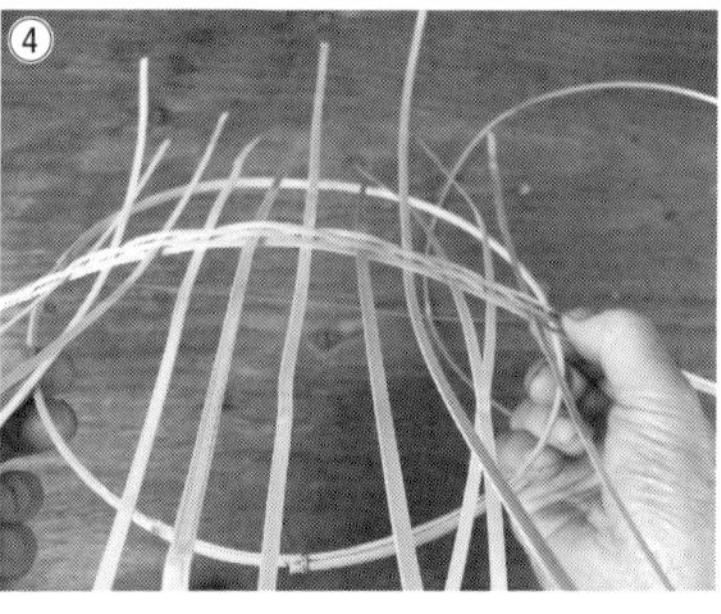

で結ぶ。

③立竹11本を15㎜ごとに皮を下向きにして並べる。このとき、表皮のない身竹3、4本で1本おきに笊編みして固定する。続けて編み竹で笊編みをする。皮を下向きにし、輪の外側に少し出してから輪の内側の立竹を1本おきに編んでいく。

④反対側まで編んだら、中央が3㎝ほどの高さになるように立竹の間隔を、均等になるように調節する。

⑤編み竹で芯を巻くようにして折り返すが、このときに編み竹を捻る。

⑥写真は折り返して編んでいるところ。捻ることで皮が下向きになる。

⑦紙の模型で示すと、写真にあるように折ることになる。

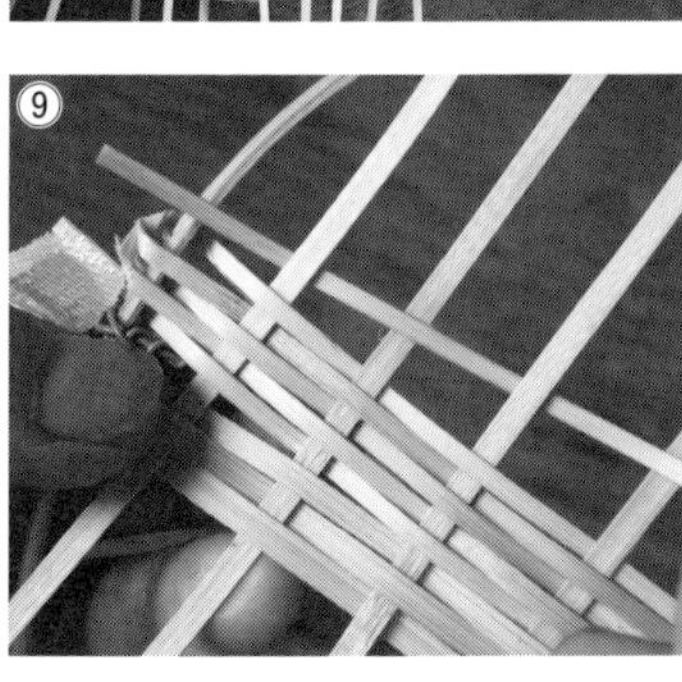

⑧写真は数段編んだところ。

⑨編み竹がなくなったら、輪の外側に少し出して終わり、また新しい編み竹で、編み始める。

⑩立竹が輪に近づき、1

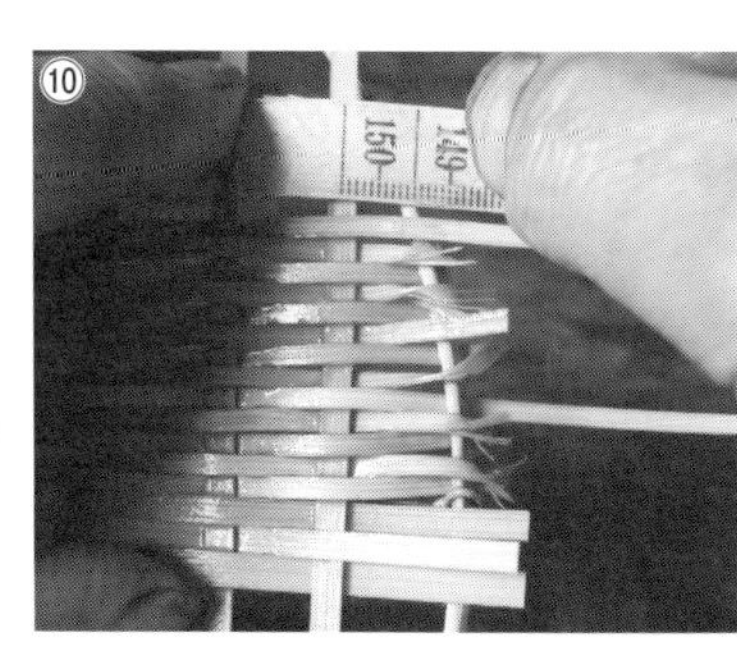

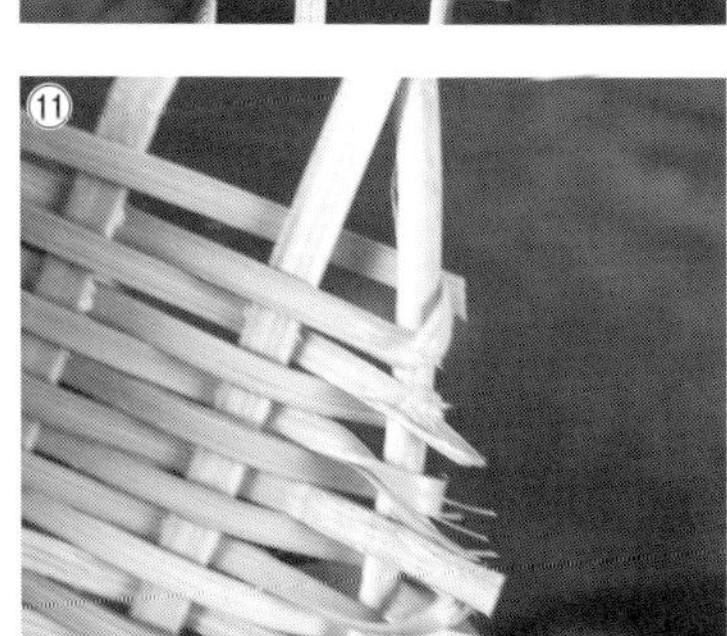

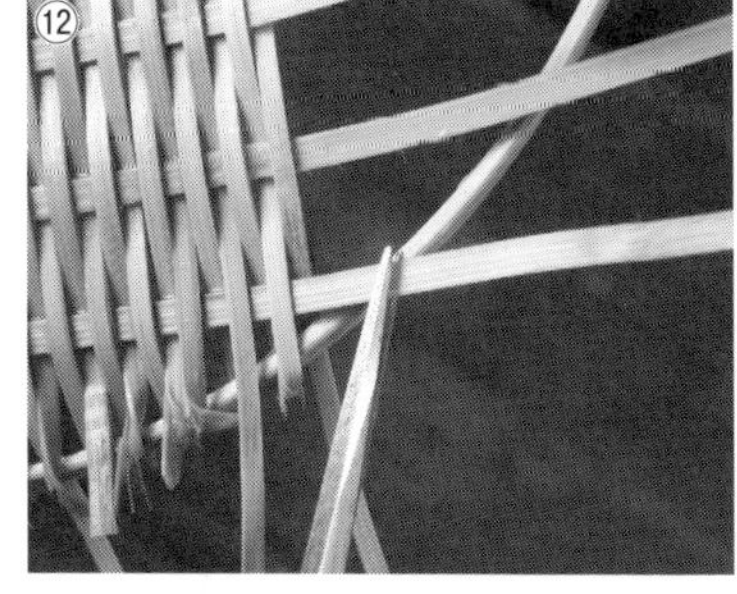

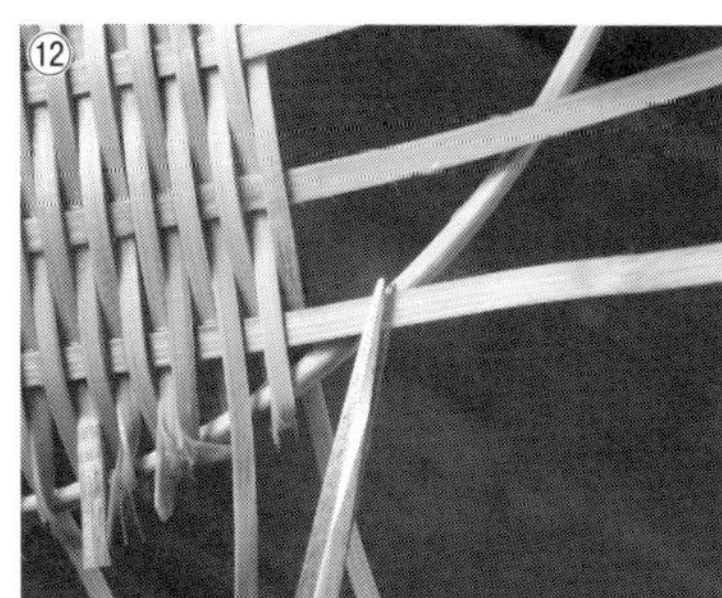

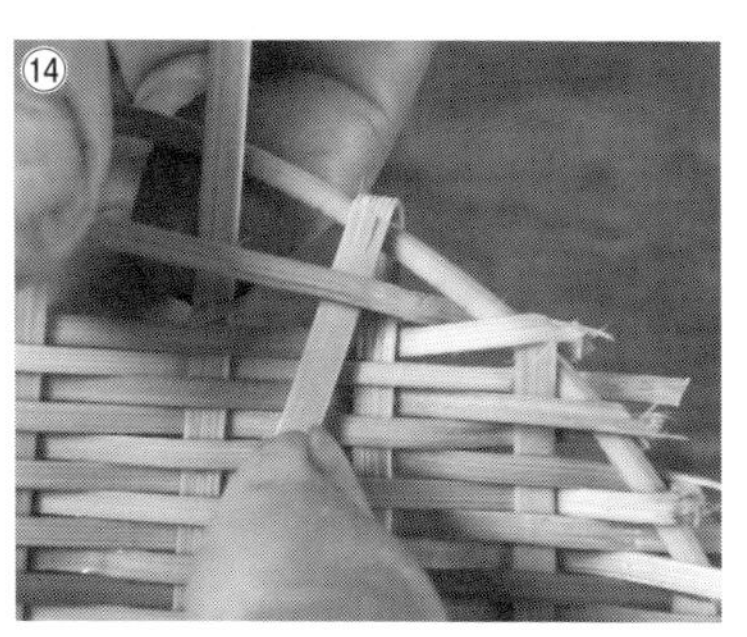

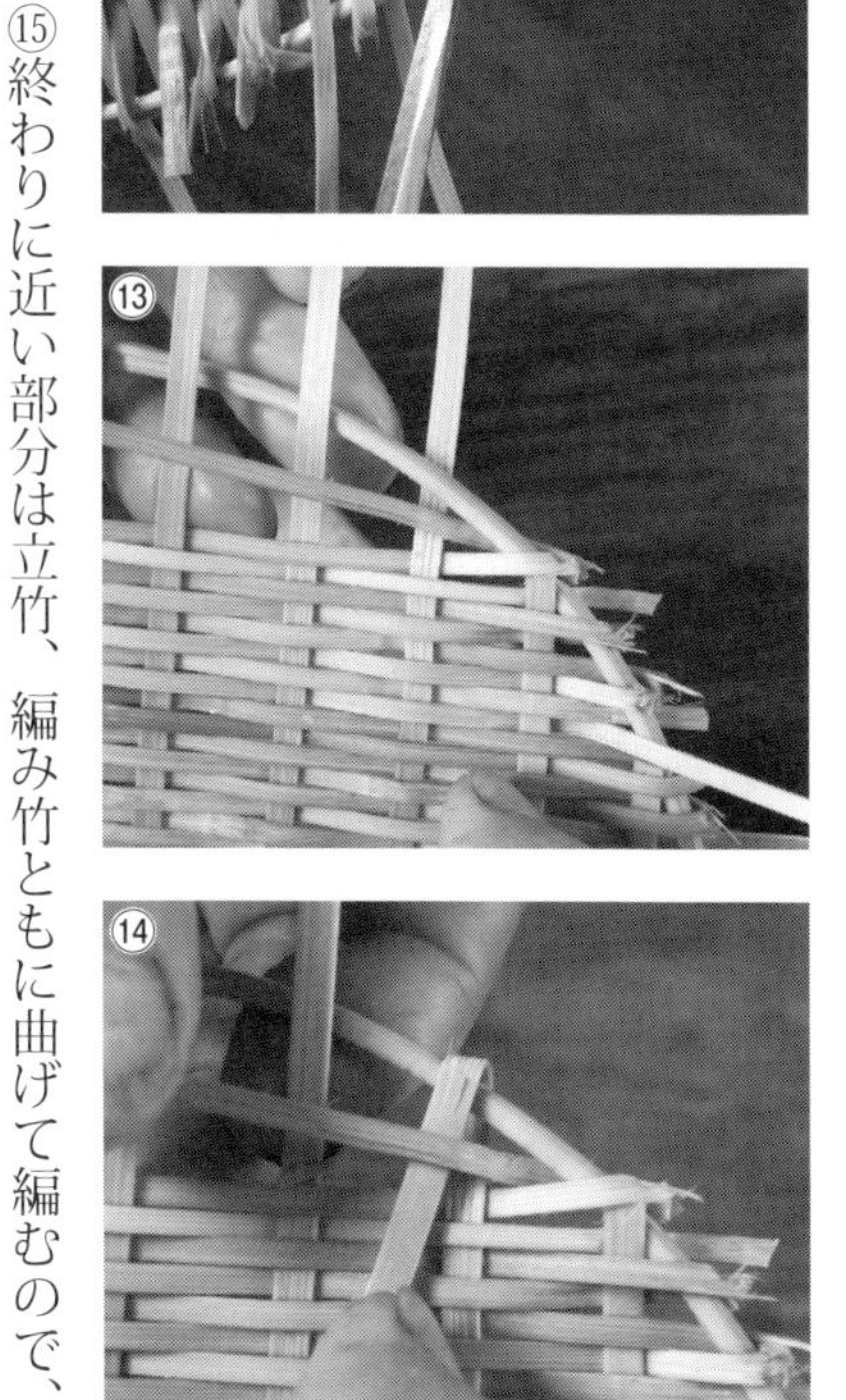

cm程になった。

⑪輪と立竹が狭い部分は輪と一緒に編む。

⑫立竹は輪の上で切り落とす。

⑬立竹は外側から2本目までは切り落とすが、他の立竹は折り曲げて処理する。

⑭写真は、立竹を折り曲げて、編み竹で押さえているところ。

⑮終わりに近い部分は立竹、編み竹ともに曲げて編むので、よく湿らせておく。

⑯立竹全部を折止めしたら、残りの隙間には短い編み竹を差し込むように、通して編み終わる。

⑰これで輪の半分が編み終わったことになる。

⑱最初に編んだ身竹を取り外し、残り半分を同じように編む。

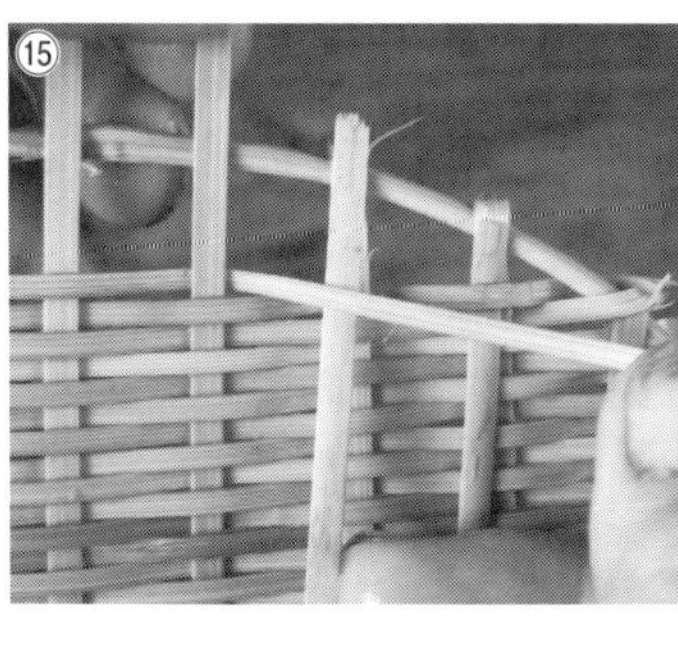

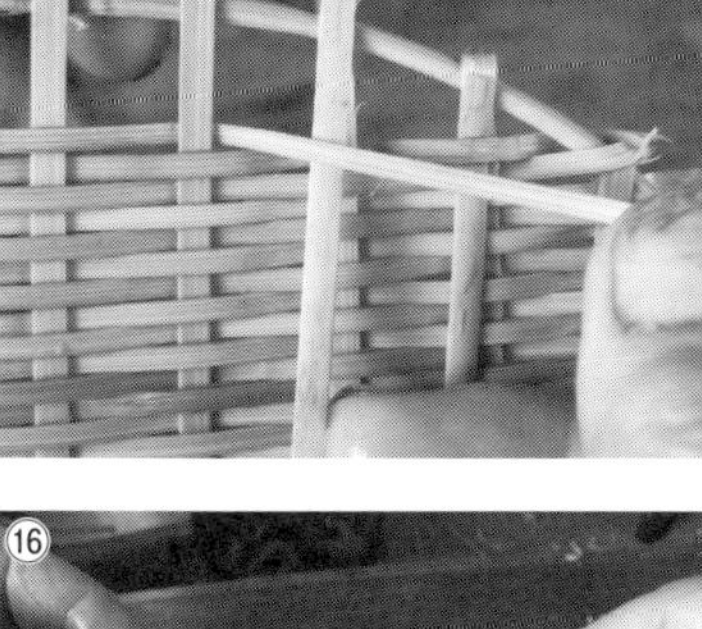

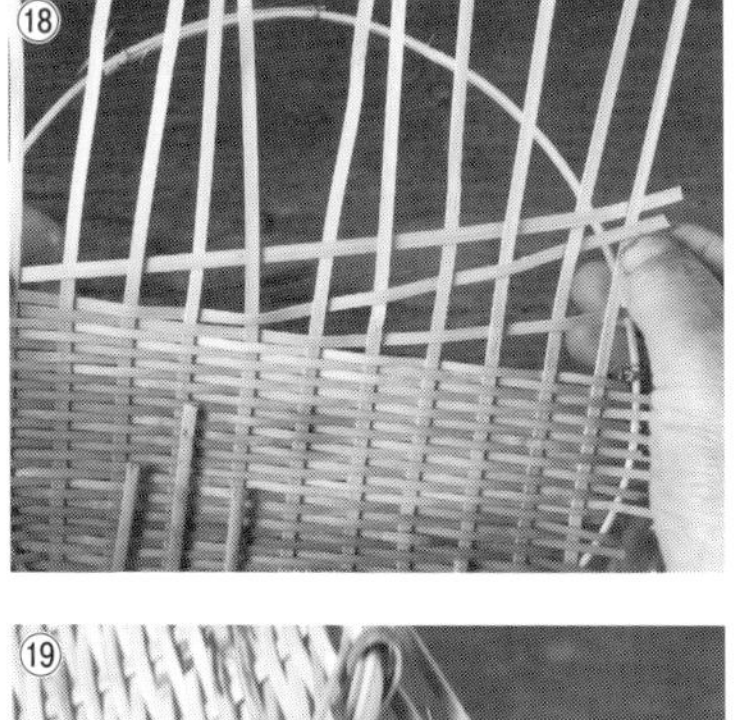

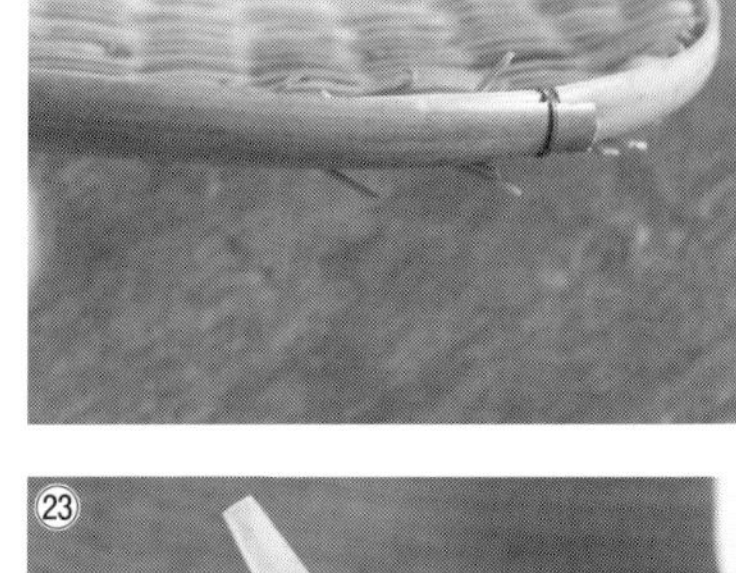

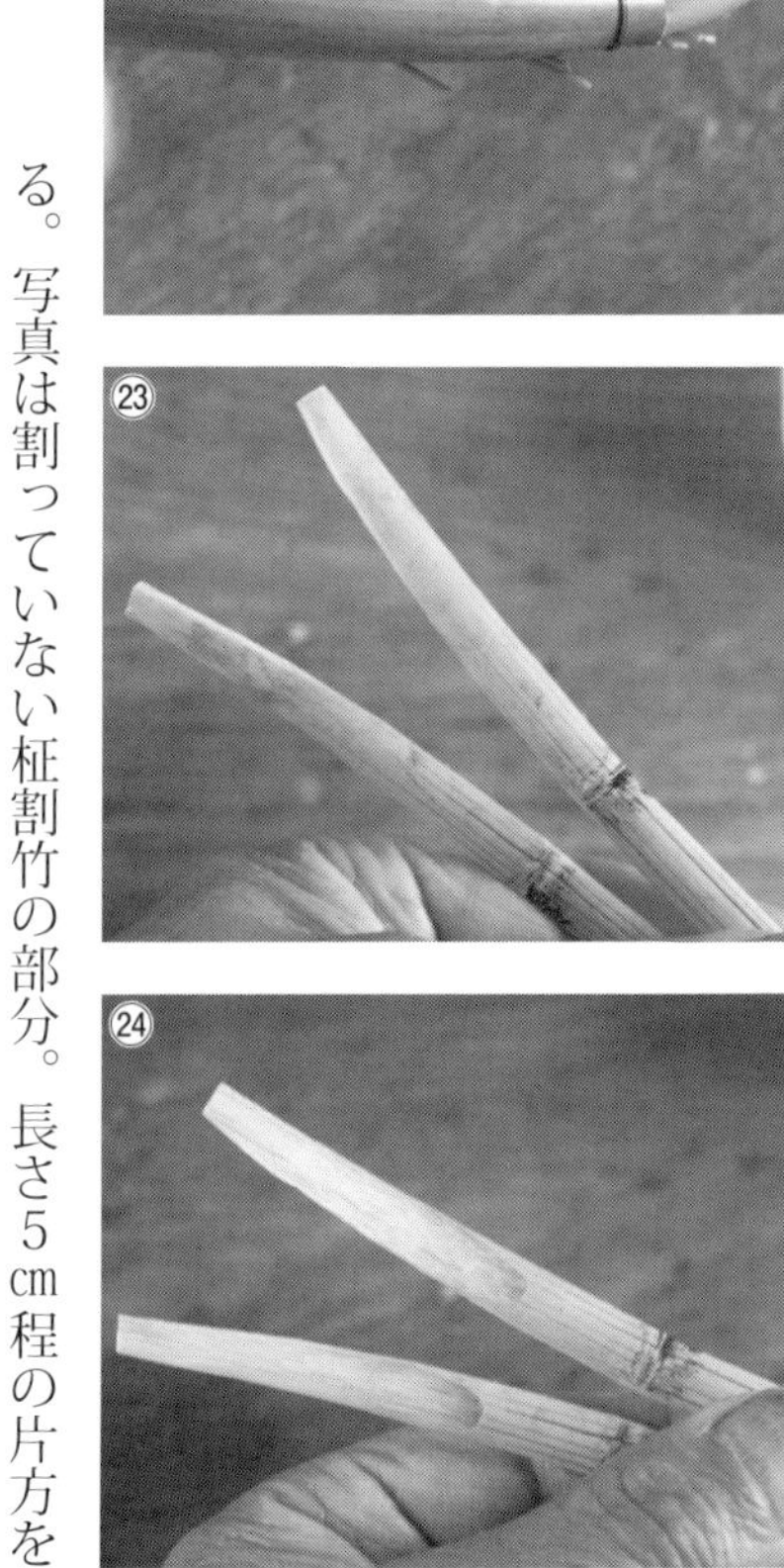

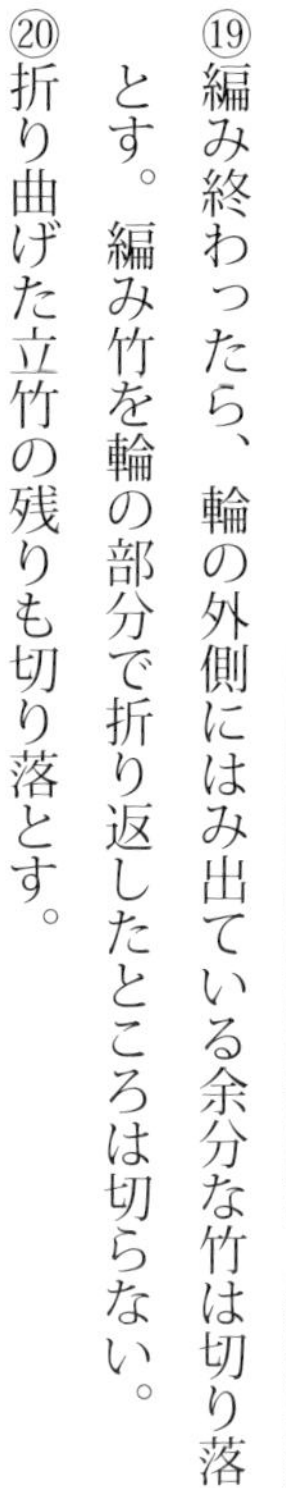

⑲編み終わったら、輪の外側にはみ出ている余分な竹は切り落とす。編み竹を輪の部分で折り返したところは切らない。

⑳折り曲げた立竹の残りも切り落とす。

㉑外側に縁竹を取り付ける。

㉒重なりは細い針金で止める。

㉓柾割竹は籠の表と裏から、縁竹の内側に添うように取り付ける。写真は割っていない柾割竹の部分。長さ5㎝程の片方を丸く削る。

㉔重なりしろを削る。

㉕表と裏の同じ場所から、太い針金でしっかりと止める。

㉖写真は裏側のようす。

㉗次に縁を巻く。印を付けているところが縁の巻きはじめのところ。

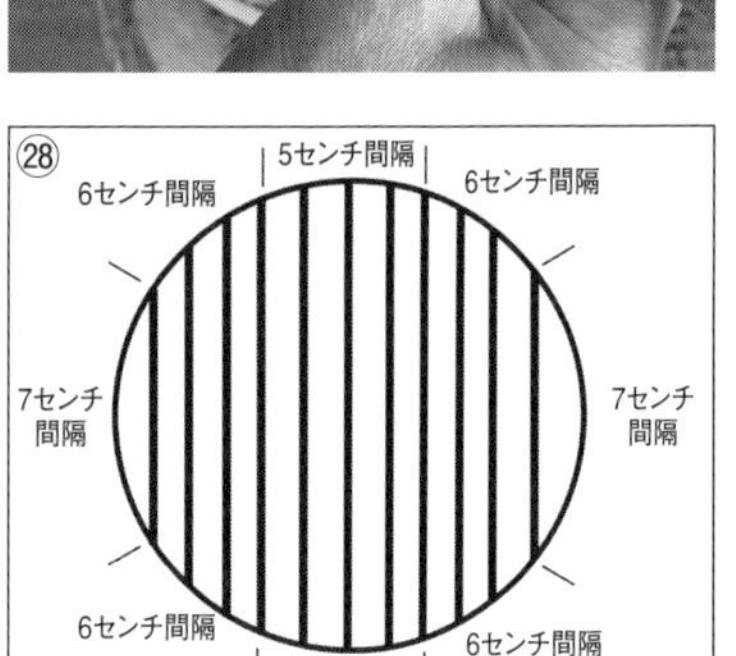

㉘立竹の中央は5㎝間隔、横は7㎝間隔、その間は6㎝間隔で、大まかに縁竹に印を付ける(図参照)。

㉙巻き始めは、裏のほうから縁竹との間に差し

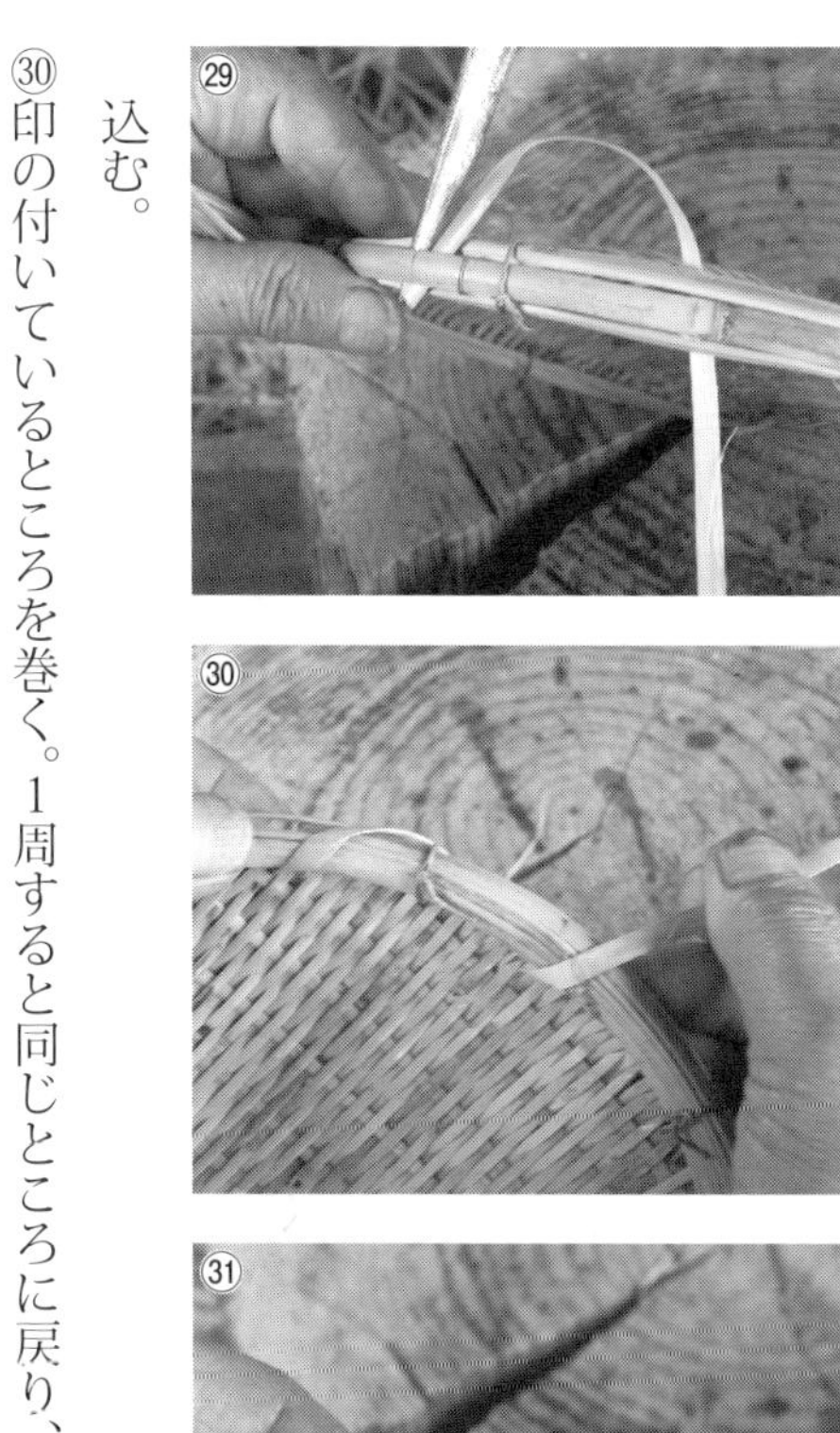

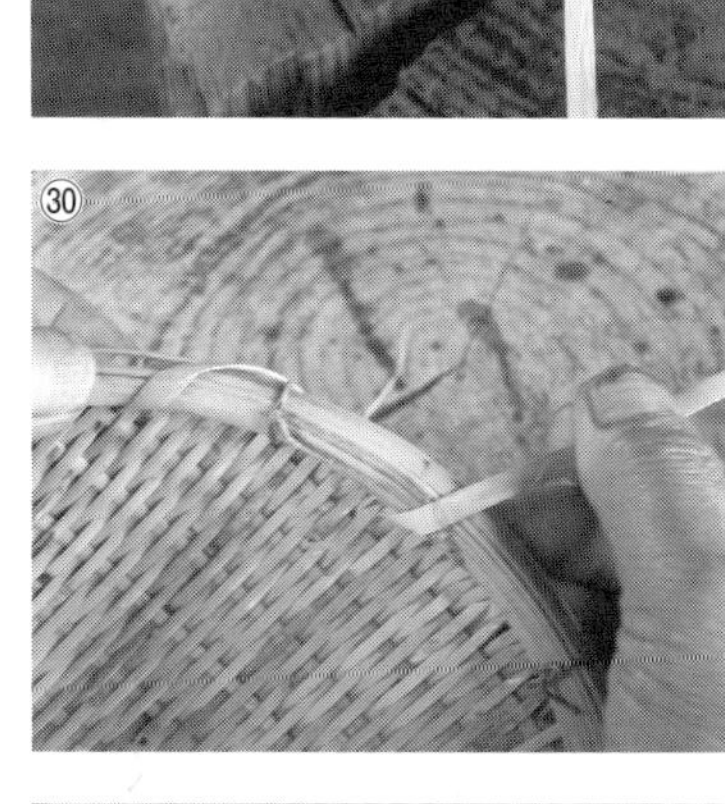

込む。

㉚印の付いているところを巻く。1周すると同じところに戻り、1回目の右に並べて2回目を巻く。

㉛仮止めの針金は、その都度取り外す。

㉜1周の手前で、柾割竹をよく湿らせて内側のほうにしっかりと曲げ、くせを付ける。

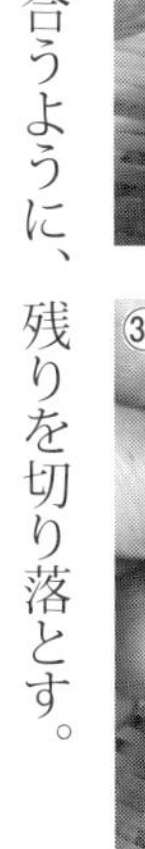

㉝最初に削ったところと合うように、残りを切り落とす。

㉞重なりしろの裏を削る。

㉟2周目を巻いている。

㊱写真は巻き竹の接ぎ方を示す。縁竹との間に差し込む。

㊲同じところに2回巻いたら、間に巻くところを2か所つくり、移動する。

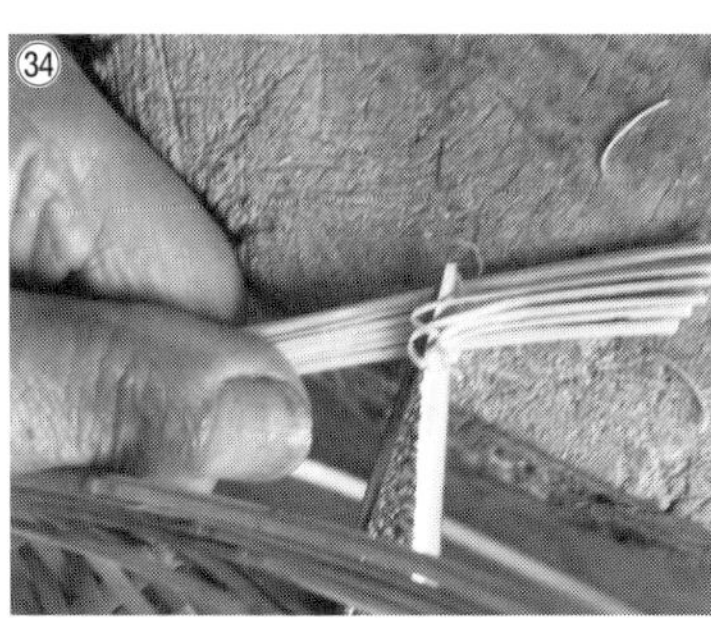

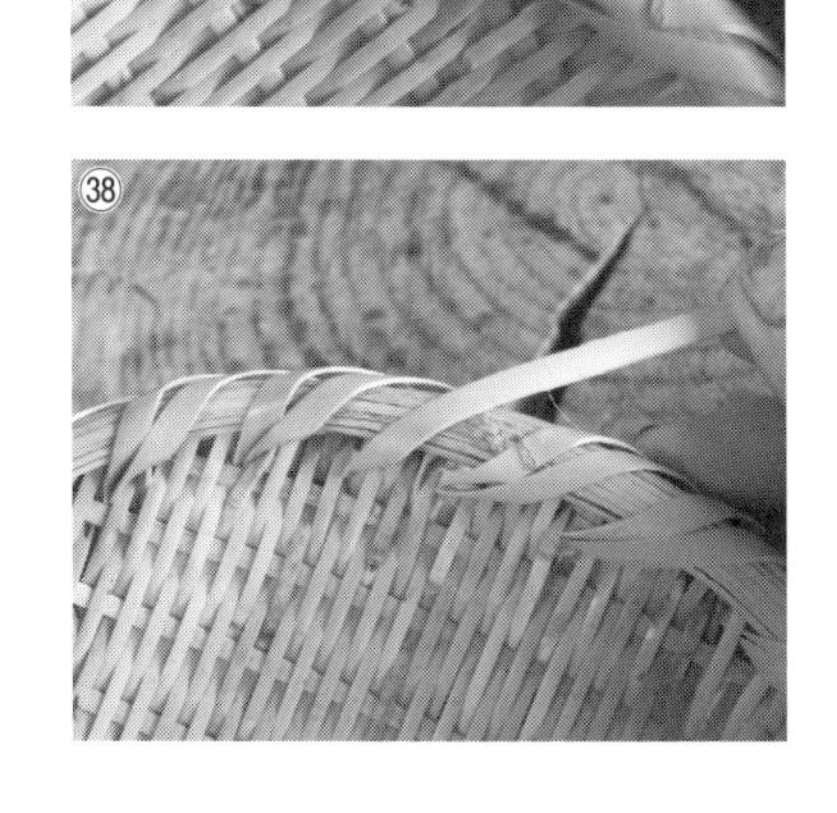

㊳これで最後の巻きとなる。

㊴巻き竹が残っていたら3回目として巻く。10㎝程残るまで巻く。

㊵写真は、最後の始末をつけるところ。籠の裏側に通す。

㊶裏で編み目に挟む。

㊷余分な竹を切り落とす。

㊸でき上がったら、縁竹を巻いたところに火を当てて焦がさないように、熱くしてすぐ冷やす。

㊹裏側も火で毛羽立ちを軽く焼いて、完成となる。ガスコンロの小さな火なども利用できる。

㊺写真は完成した姿。


（近藤幸男）

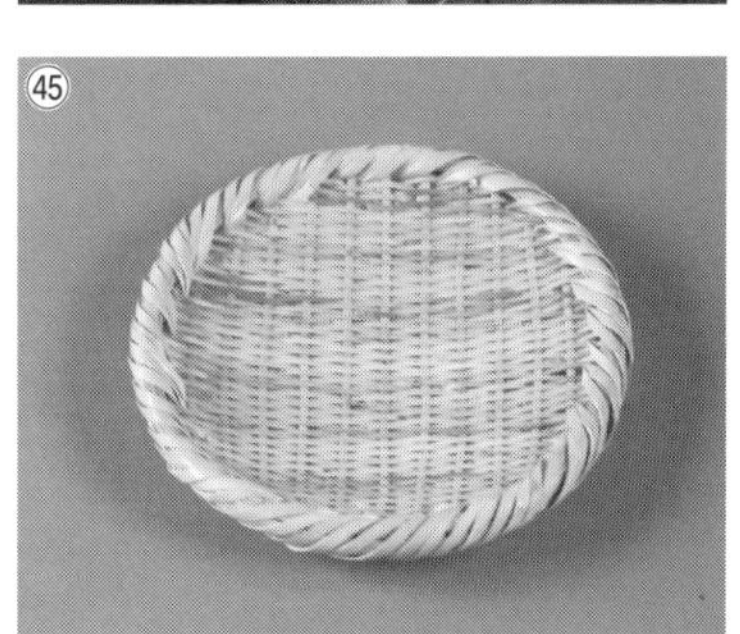

郵便はがき

おそれいりますが切手をはってお出し下さい

1078668

（受取人）
東京都港区
赤坂郵便局
私書箱第十五号

農文協
http://www.ruralnet.or.jp/
読者カード係 行

◎ このカードは当会の今後の刊行計画及び、新刊等の案内に役だたせていただきたいと思います。　　はじめての方は○印を（　）

ご住所	（〒　　－　　） TEL： FAX：
お名前	男・女　　歳
E-mail：	
ご職業	公務員・会社員・自営業・自由業・主婦・農漁業・教職員（大学・短大・高校・中学・小学・他）研究生・学生・団体職員・その他（　　）
お勤め先・学校名	日頃ご覧の新聞・雑誌名

※この葉書にお書きいただいた個人情報は、新刊案内や見本誌送付、ご注文品の配送、確認等の連絡のために使用し、その目的以外での利用はいたしません。

● ご感想をインターネット等で紹介させていただく場合がございます。ご了承下さい。

● 送料無料・農文協以外の書籍も注文できる会員制通販書店「田舎の本屋さん」入会募集中！
案内進呈します。　希望□

■毎月抽選で10名様に見本誌を１冊進呈■（ご希望の雑誌名ひとつに○を）

①現代農業　②季刊 地 域　③うかたま

お客様コード

17.12

お買上げの本

■ ご購入いただいた書店（　　　　　　　　　　書 店）

●本書についてご感想など

●今後の出版物についてのご希望など

この本をお求めの動機	広告を見て（紙・誌名）	書店で見て	書評を見て（紙・誌名）	インターネットを見て	知人・先生のすすめで	図書館で見て

◇ 新規注文書 ◇　　郵送ご希望の場合、送料をご負担いただきます。

購入希望の図書がありましたら、下記へご記入下さい。お支払いはCVS・郵便振替でお願いします。

（書名）	（定価）¥	（部数）　部
（書名）	（定価）¥	（部数）　部

和傘・岐阜和傘

●和傘の歴史

あめあめ　ふれふれ　かあさんが
じゃのめで　おむかえ　うれしいな
ピッチピッチ　チャップチャップ　ランランラン

北原白秋作詞による名高い童謡『あめふり』の一節。歌詞に登場する「じゃのめ」は蛇の目傘。竹骨に紙を張った雨天用の和傘は、一昔前までありふれた生活用具であった。「かあさん」が使っていたように、蛇の目傘(番傘に比べ、一般的に骨数が多く、小骨に飾り糸をつけ、柄の手元に籐を巻き、石突を付けるなど繊細なつくりの雨傘)は女性がおもに使い、男性は番傘(竹骨に紙を張り油をひいた実用的な雨傘)、子どもは番傘より一回り小さい子傘を用いた。また、日差しを避けるための日傘、舞踊に使う絹張の傘、屋外の茶席などに立てる野点傘(のだてがさ)、祭礼や儀式に付き人が貴人に差し掛ける差掛傘(さしかけがさ)など、和傘の種類は豊富である。

そもそも和傘の起源は「蓋(きぬがさ)」(権威の象徴として貴人に差し掛ける傘)といわれ、古くは古墳時代の埴輪にその造形(蓋形埴輪)を見ることができる。これは木製の傘骨に絹や植物を葺いた大

左から水玉模様日傘、番奴傘、蛇の目傘(写真:岐阜市歴史博物館、以下和傘の項の写真はすべて)

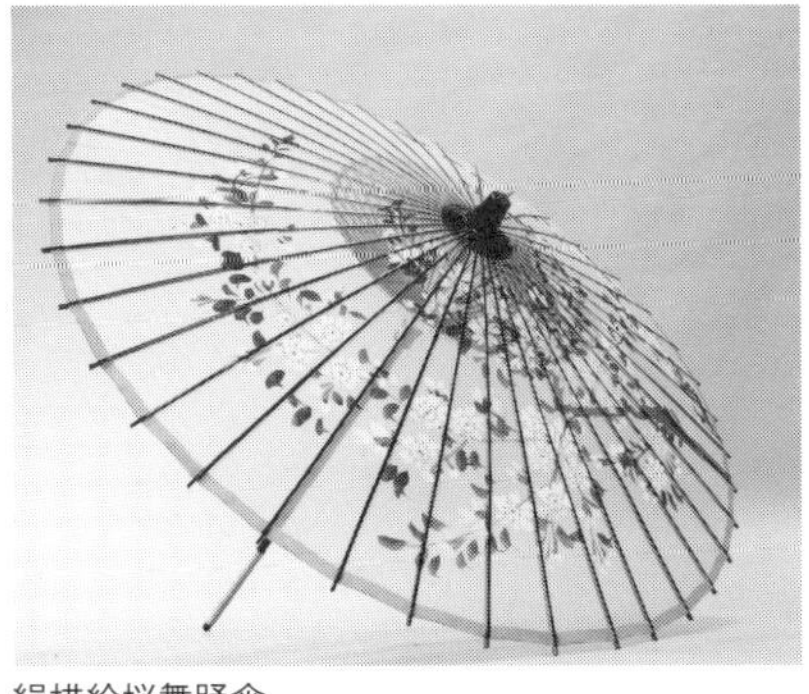
蛇の目傘。色紙を切り継いで模様を入れている

絹描絵桜舞踊傘

差掛傘

型の傘で、開閉機構のロクロ(写真参照)は備えていなかった。

現在見るようなタケの傘骨でロクロを備えた和傘は、12世紀前半に制作された徳川美術館所蔵『源氏物語絵巻』の「蓬生」に描かれた、源氏の君に差し掛けられた大傘が絵画資料の上で初見とされている。鎌倉時代に入ると、自ら差せる大きさの傘を僧侶や武士などが使うようになり、江戸時代には一般の人々にも普及し、傘の大きさ、傘紙の色やデザインによりさまざまな種類が生まれた。同時にタケを用いた傘骨の加工技術も競われ、18世紀前半には、小型で畳むと細く収まる傘が和歌山より江戸へ出荷され、ほどなくして江戸では細くて軽い傘が良品と評価されるようになった。

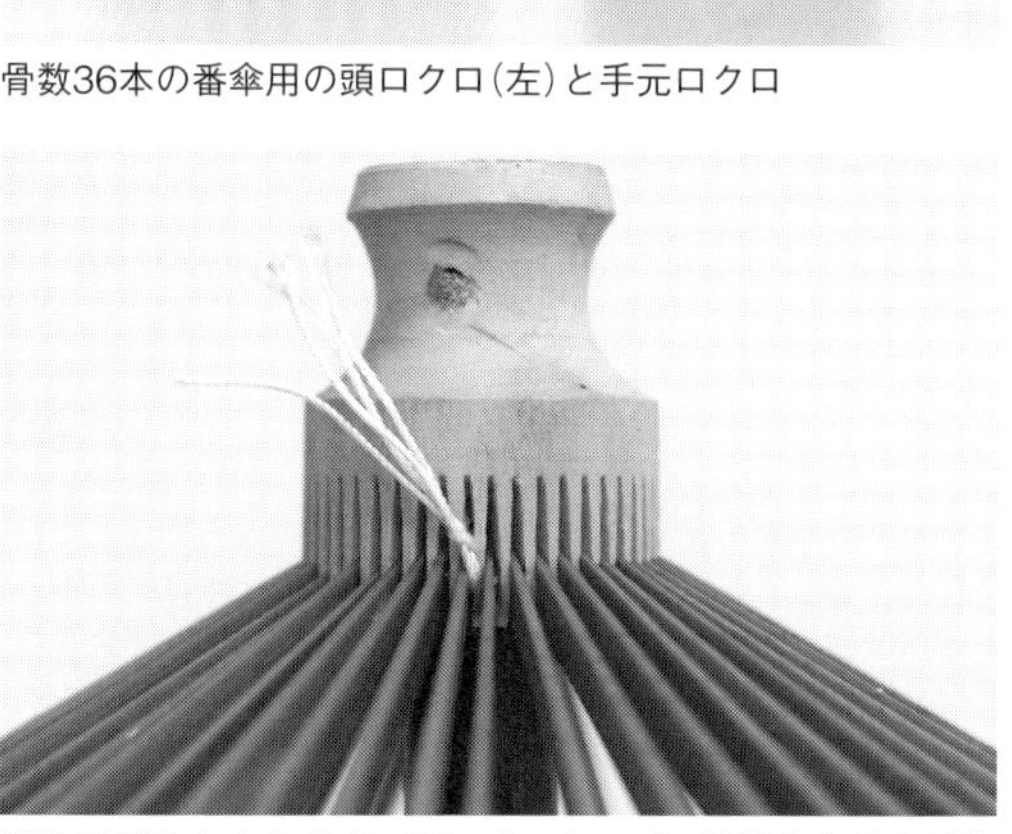
骨数36本の番傘用の頭ロクロ(左)と手元ロクロ

親骨が可動するよう糸で頭ロクロにつなぐ(岐阜市歴史博物館蔵)

ただし、傘を細く収まるように仕上げるには、単に傘骨を細くするだけでは堅牢性が低下する。事実、和歌山産の傘は風雨によって損傷しやすく、もっぱら急雨(にわかあめ)用であった。

●岐阜和傘の歴史と特徴

岐阜市加納地区の和傘生産は1639年(寛永16年)、戸田(松平)光重が播州赤穂から移封の際に金右衛門という傘屋を随伴させ、当地での生産を始めさせたと伝えられる。その後、1756(宝暦6)年に永井尚直がこの美濃加納藩主になると、下級武士の生計を助けるために和傘づくりを奨励し、本格的な生産の礎になった。1859(安政6)年の記録では、加納藩領における傘の生産は年産50万8000本を数え、製品は美濃傘と呼ばれ、名古屋をはじめ江戸、京都、大坂などへ出荷された。今日では、岐阜県は全国一の和傘生産地となっている。なかでも、細く収まる「細物」の傘を得意とする高級和傘の産地として注目されている。

●岐阜和傘の製法

今日までの岐阜における和傘制作は、各工程を分業で行なうことに特徴がある。以下では岐阜市加納地区を中心とした、岐阜和傘の蛇の目傘制作技術を紹介したい。

◇竹材「美濃のマダケ」の仕入れと下処理

図2 傘骨づくりを主とした和傘の製造工程

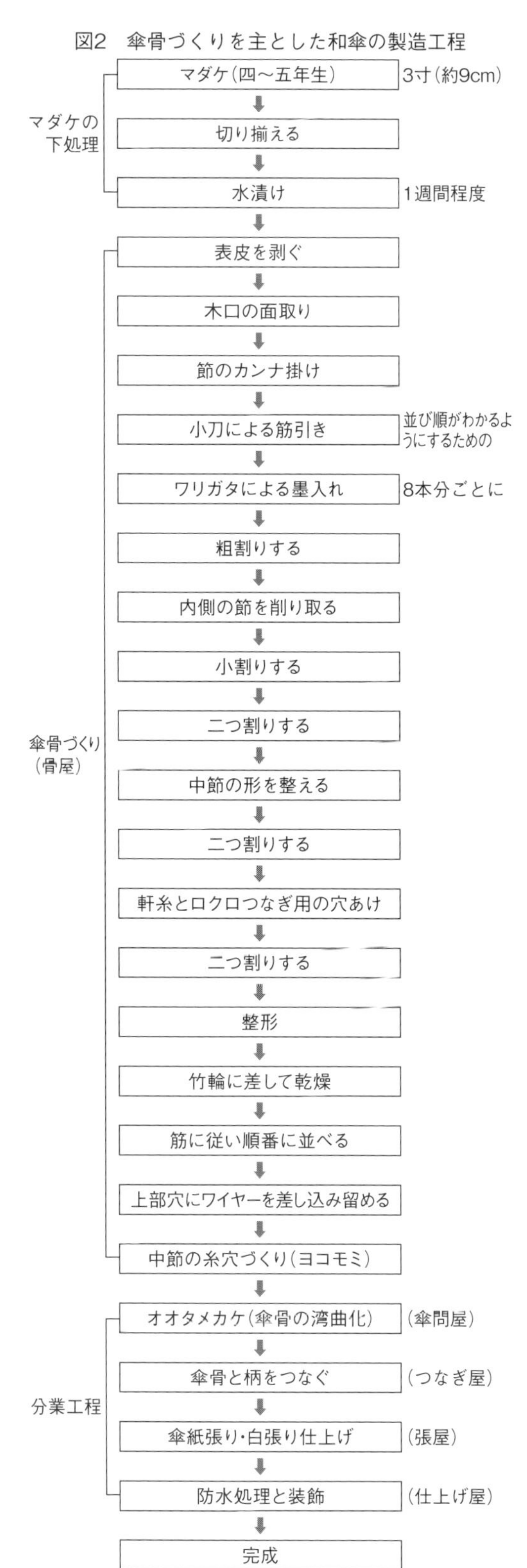

図1 和傘の構造と部位名称

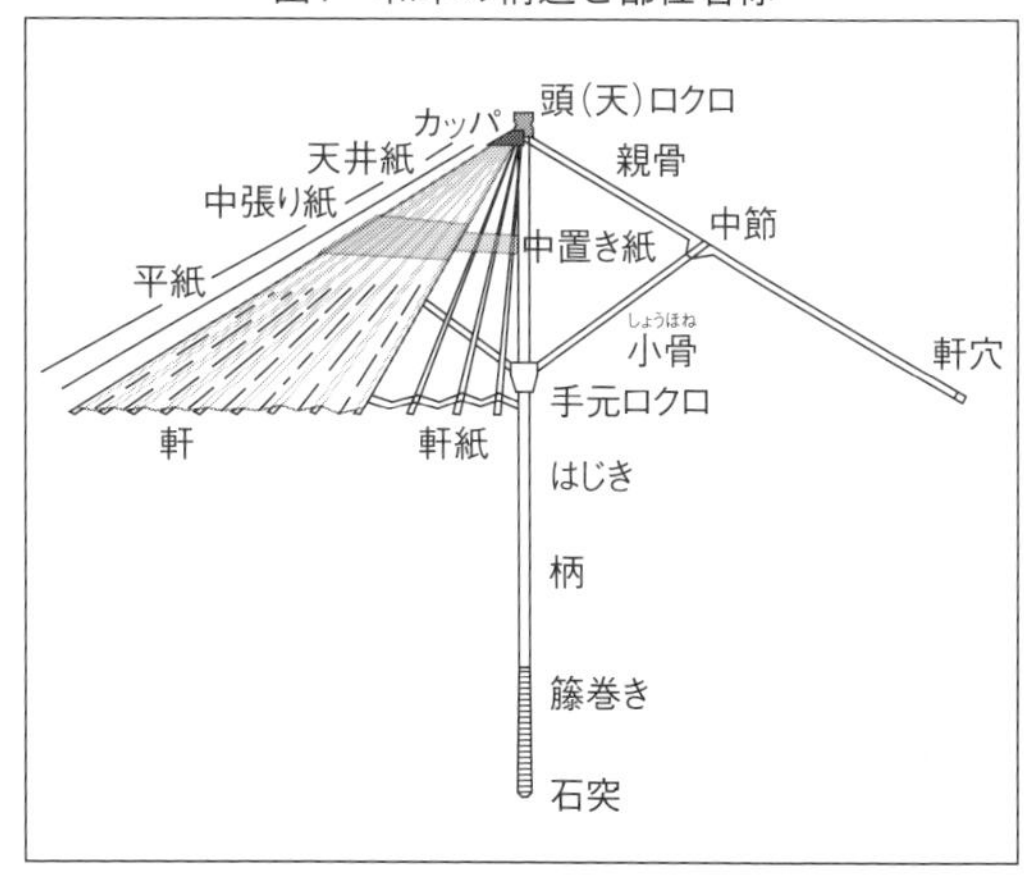

傘骨には4〜5年かけて生育した美濃地方のマダケが最適とされ、竹問屋から太さ3寸(約9㎝)のものを仕入れる。制作する傘骨の種類により、中節(なかぶし)となる節の位置を勘案しながら定木(基準となる木)で計って所定の長さに切り揃える。これを水槽で水に1週間程度漬けた後、糊がつきやすいように小刀で表皮を剥ぐ。両側の木口の面を取った後、外側の節をカンナで削り、傘骨を順序よく並べるための目安として小刀で数条の筋を引く。

次に、ワリガタと呼ぶ定木で傘骨8本分ごとに墨を入れる。墨を入れたタケをナタ(竹割包丁)で粗割にして、中節

小刀で表皮を剥ぐ(協力:辻信夫、辻美恵子、以下**はすべて)

内側の竹節を削る**

木口の面を取る**

ナタで小割りする（協力：㈱マルト藤沢商店　羽根田正則）

筋を引いた傘骨の竹材**

となる内側の竹節の余分を削り、墨を目当てに小割りする。これを二つ割りにしてから、中節の形を整え、さらに二つ割りにして、軒糸とロクロにつなぐ穴をドリルで開け、これを2つに割って1本分の傘骨となる。

3寸のタケで概ね2本分の傘骨がとれるが、仕上がりは「1本の生えている竹のように」することが重要である。そのため内側の材質を、機械で角度をつけてそぎ落とし、断面を長方形から台形に整え美しく収まるようにするとともに、ロクロに差し込む先端、小骨を挟む親骨の中節を薄く削り、小骨には親骨の中節を挟む切れ込みを入れる。傘1本分ずつを竹輪に差して乾燥させた後、割る前に小刀で引いた筋を目安に順番に傘骨

墨を入れる**

ナタで粗割りする**

機械を使って骨の形を整える**

突割りで二つ割りする**

竹輪に差して乾燥させる（協力：㈱マルト藤沢商店）

ドリルで糸を通す穴を開ける**

を並べて、上部の糸穴にワイヤーや竹ひごを差し込んで留め、親骨の中節に中糸を通す穴をドリルで開けるヨコモミと呼ぶ作業を経て仕上げる。

◇傘問屋――オオタメカケ（傘骨の湾曲化）

このようにして手間をかけて制作された傘骨は、傘問屋に持ち込まれ、火であぶってゆるく湾曲させるオオタメカケをしてからつなぎ屋に渡す。

◇つなぎ屋――傘骨と柄をつなぐ

つなぎ屋は、傘問屋からきた傘骨と、ロクロ、ハジキをつけた柄を糸でつなぐ。

◇張屋――傘紙張り、白張り仕上げ

削り終わった傘骨を順番に並べる**

ヨコモミをする**

張り終わった傘紙を畳み込む（協力：㈱マルト藤沢商店　河田正幸）

オオタメカケをする（協力：平野明博）

次に、張屋によって傘骨のくせを手で直すテダメを行ない、マクワリと呼ぶ傘骨を均等に開く作業を経て傘紙を張る。糊が乾くと傘紙を丁寧に折り込み、締輪をきつく嵌め、軒部分はタタキボセと呼ぶ木の棒で叩きながら細身にし、白張りに仕上げる。

◇仕上げ屋——防水処理と装飾

つなぎをする（協力：㈱マルト藤沢商店　早川豊子）

これを仕上げ屋で糊引き、擦り、下地塗り、渋引き、油引きといった一連の雨傘に対する防水処理や、傘骨表面の漆塗り、飾り糸つけ、頭紙（カッパ）つけ、籐巻きなどを行ない、ようやく一本の和傘が完成するのである。

良品の細くて軽い傘とは、このように工程ごとの職人の技術の総体として実現するのである。

●特徴的な和傘の造形

【松葉骨】

さて、江戸時代には独特な傘骨の加工技術が生まれている。一説に美濃国加納藩家中坪内国助（つぼうちくにすけ）の創意と伝える「松葉骨」は、

マクワリをする（協力：㈱マルト藤沢商店　田中富雄）

傘紙を張る（協力：㈱マルト藤沢商店　田中富雄）

傘骨1本ごとに元だけ残して二つ割りにしてつないだもので、親骨の場合は「親骨松葉」、小骨の場合は「小骨松葉」と呼ぶ。おもに日傘や晴雨傘の高級品に用いられた装飾技法であるが、近年、骨を制作する職人が途絶えてしまった。

親骨松葉の技法による「二重張日傘」*

小骨松葉の技法による「極細蛇の目傘」

【表皮付き】

また、19世紀前半には傘紙の表裏に骨を出す日傘の記録が残る。現代では「表皮付き」と呼ぶもので、竹の表皮を残して親骨を制作し、先端を残して表皮と身を剥し、身の部分に傘紙を張ってから表皮を上に張りつけたものである。閉じるとあたかも自然の竹のような風情が楽しめ、おもに日傘や舞踊傘に使われていた装飾技法である。しかし、極めて手間のかかる作業であり、こちらも岐阜では制作する傘屋が途絶えてしまった。

「表皮付き根竹柄日傘」

【爪折】

一方、江戸時代に貴人が所用する傘として朱色の爪折傘、武家の所用する傘として白色の爪折傘が記録されているが、これらは現在の野点傘や差掛傘の爪折（妻折）に受け継がれている。親骨一本ごとに軒部分の材質を薄く削り、加熱して内側に曲げたもので、現代においても格調高い風情をもたらす長柄の大傘である。

【傘の柄】

このようにタケを用いた和傘の装飾技法は、傘骨のほか柄でも見ることができる。現

爪折の技法による「野点傘」

在、一般的に番傘は白竹、蛇の目傘、日傘、舞踊傘、野点傘などは塗りや白木の木柄を使う。一方、昭和40年代までは蛇の目傘や日傘で煤竹や焼き入れ模様の竹柄も使われた。さらに日傘では、竹の根珠部分を残して手元にした根竹柄を用いることがあった。根珠部分は地上茎と異なり適度な凹凸があり、見た目の面白さとともに、汗ばむ夏にしっくりと手になじむものであった。残念ながら、これも現在は制作されていない。

●戦後の和傘

和傘の最盛期は戦後しばらくの間であった。岐阜県では1950年7月から翌年6月までの1年間の和傘生産数は1169万本余りに達し、約1000人がその制作に従事していた。これは全国生産の約40%を占めるもので、国内では他に東京、大阪、京都、三重、和歌山などが主要な産地で、さらに北は北海道から南は沖縄まで広く業者が存在していた。しかし、洋傘の普及と安価な海外製品の流入により、現在では岐阜をはじめ数県で制作されるのみとなっている。

（大塚清史）

和竿（紀州へら竿）

●へら竿の由来と製竿組合の歴史

和歌山県橋本市清水の界隈には、かつてへら竿職人が100戸ほど軒を連ねていた。高野山参詣入口でもあり、沿線にはいまでは外国人客も多い。この地に職人街ができたのは、昭和30年代。車で1時間ほどのところにある紀伊山地の標高700～900mのところで自生する、コウヤチク（高野竹）が採取できるという立地であったことも大きい。

1882（明治15）年に、「竿正（さおしょう）」こと溝口象三が大阪でへら竿の製作を始めたのが「紀州へら竿」の元祖である。溝口の息子昇之助は2代目竿正を名乗る。竿正に弟子入りしたのが竿五郎こと横井五郎。横井と昇之助は、後述する「穂もち」の原竹として、反発力のある撓（たわ）み具合のよさか

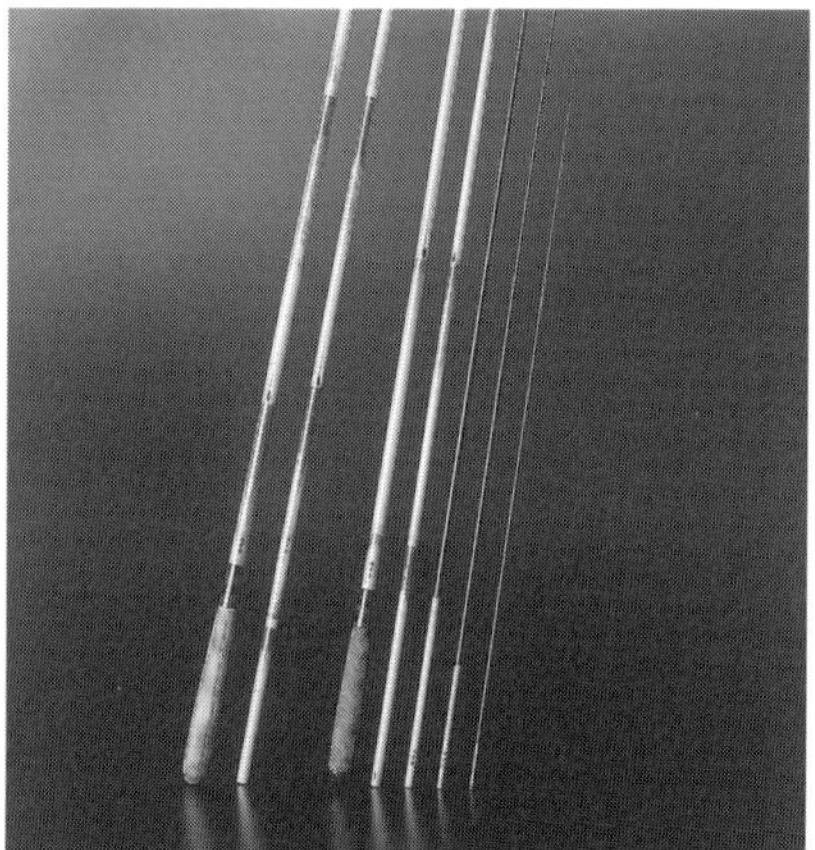

源竿師作のへら竿（写真：樫本宜和　以下＊はすべて）

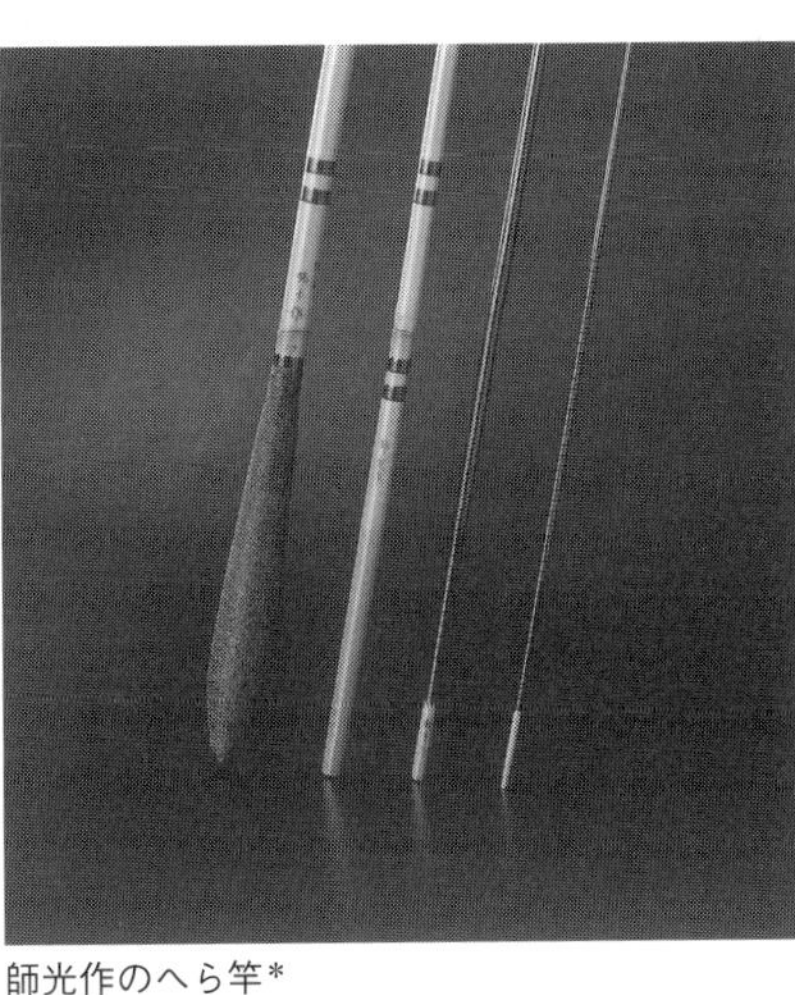
師光作のへら竿*

からコウヤチクに注目した。

竿五郎の弟子となる、「師光」こと児島光雄と「源竿師」こと山田岩義の2人は、大阪から製竿技術を高野竹の採取地に近い橋本市清水に持ち込み、ここで創業した。これが紀州製竿組合のもとになった。現在組合員は40人ほどである。組合は必要な素材を共同仕入して仕入値を安くするなどのほか、1965(昭和40)年には、組合として自分たちの竿を持ち込み、実際に釣りをしてその出来を検討する研究池として隠れ谷池を設けた。一般の釣り客も受け入れており、全国へらブナ釣り選手権大会も開催されていた。紀州へら竿は現在、経済産業省の伝統的工芸品に指定されている。

●へら竿づくり

竿づくりは、紀伊山地でコウヤチクを切り出す作業から始まって、竿袋に入れるまでの全工程を、分業にせずに一人の職人がこなしていく。

◇構造と部位名称

へら竿の構造は図1のようになっている。

穂先・穂もち・もと・握り：へら竿は三本継ぎから始まり、六本継ぎくらいの長さのものまである。へら竿は、先端になる「穂先」、これにつないでいく「穂もち」、穂もちをうける「もと」からなっている。「もと」には、釣り人が手で持つところで「握り」と呼ばれる籐糸を巻いて意匠を凝らす部位がある。

穂先：穂先には、マダケを割いた割竹を削り込んで丸ごと使う「一本穂」のほか、裂いた割竹を合わせて1本に仕上げた「合せ穂」がある。合せ穂は1本では弱いが、4本にすれば望むような撓みが得られるというような場合に用いる手法である。

穂もち：へら竿の撓みを決めるコウヤチクを使う。細くても粘りのあるコウヤチクを採取できることがへら竿の仕上がりを決めるといってもよい。

もと：ヤダケを使う。ヤダケは節が低いので抵抗がなくまっすぐな竿にむく。また、反発力も強くて竿の「もと」をつくるにはすぐれたタケである。穂もちに使うコウヤチクに合わせてバ

図1　和竿の構造(三本継ぎ二本仕舞い)

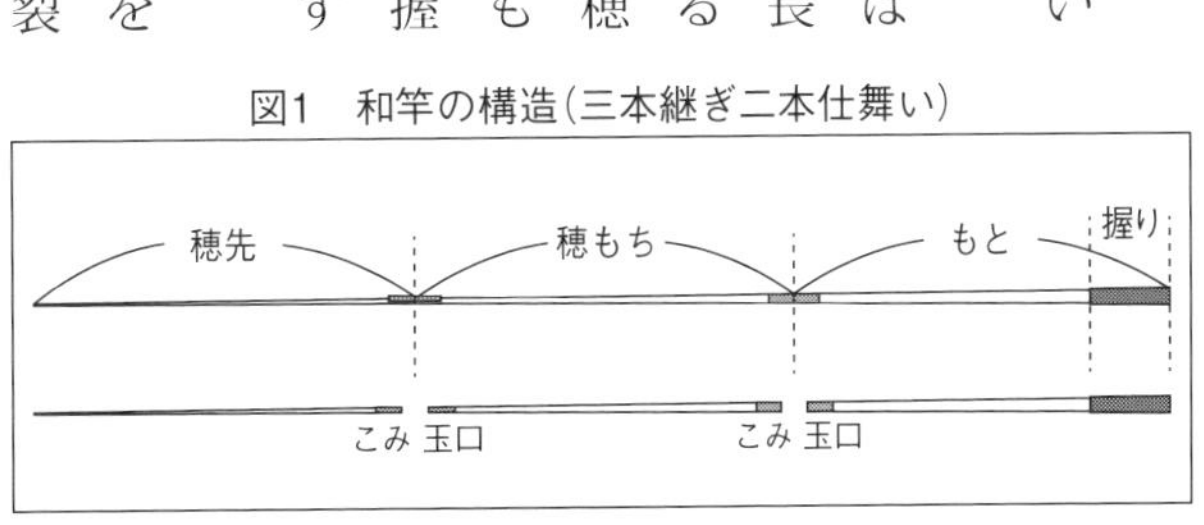

ランスのいいものを選ぶ。

握り：竿尻ともいわれ、釣り人が手で握る部分。釣り人と竿が常に触れ合う部分であり、工芸品の制作方法を採り入れたさまざまな素材と意匠が施される部位。

「こみ」と「たまぐち」：竿が差し込まれるほう（メス）を「玉口」といい、差し込むほう（オス）を「こみ」と呼ぶ。継ぎ方には「並継ぎ」と、こみを削り込んで段差をつけ、継いだときに玉口とこみが同じ太さに見える「印籠継ぎ」がある。スッと入ってピタッと留まるのがよいとされる。

◇竿の種類

二本継ぎ、三本継ぎから六本継ぎなどもあるが、一般には四本継ぎが多い。

さまざまな意匠の「握り」*

薬籠継ぎ。継手としては、写真の下がこみ、上が玉口と呼ばれる

【竿の長さ】

通常は7～13尺（2・1～3・9m）くらいのものが多い。「三本継ぎの二本仕舞い」とは、「穂先」を「もと」の中に収めて、穂もちと「もと」の2本を袋に入れた荷姿の製品を指す。

◇必要となるおもな道具

作業に必要なおもな道具は次の通りである。七輪、ため木（タケの曲がりを直してまっすぐにする道具で、自分で都合のよいようにつくる）、玉口の内側をきれいにさらうのに使う丸ヤスリ、「中抜き」に使うキリとモーター組み込みの回転台、漆塗り用の筆・刷毛（ネズミやウサギの髭を使う）、細く研ぎこんだ

薬籠継ぎで継いだところ、見た目は窪みがなくまっすぐな竿の姿になる

四本継ぎ二本仕舞いの作品

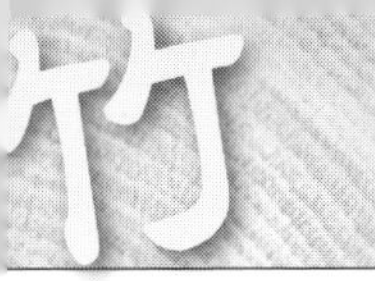

糸状の籐、絹糸、乾漆粉、漆と漆を乾燥させるための室（むろ）、水ペーパーなど。

◇紀州和竿の原材料

コウヤチクの標準和名は、スズタケ（*Sasa borealis v. purpurascens*）で、別名がコウヤチク、スズとされている。太平洋側で暖地の内陸部の標高200m〜300m辺りに生えていることもあるが、竿材としては標高900m前後のものが良材とされる。

原竹の天日干し＊

高さは2〜3m程度、直径は8㎜くらいだが、10㎜を超えるものがある。素人目にはササと見紛うくらい。冠稈部（上のほう）には枝が出ており、主稈の先は直径3㎜くらいで寸詰まりになって枯れているものが多い。稈全体としてはテーパー（もとに比べて先が細くなっている割合。円錐状に先細りになっている状態）が非常に少なく、また肉厚となっていて竿にした場合はやや持ち重りがする。節の部分の張り出したところもほとんどなく、全体にすらりとした姿で、美しい竿に仕上がる。

特徴は、見かけの比重が大きいから反発スピードは遅いが、細い割には反発力自体が強く、粘りがあるところ。ここがヘラ竿の穂もちには最適である。紀州の職人たちは「高野山の恵み」と思っている。

10月下旬から12月の季節は、コウヤチク採集に歩く季節になる。数年分を採ってくる。栽培しているわけではないので、山の持ち主に刈り取られてしまうこともあるが、これぞというコウヤチクが見つかれば2年くらい様子をみていることもある。コウヤチクの生えている地域は、宮城県の蔵王山中から群馬県の前橋山中、箱根、伊豆、静岡県〜九州の山中と広いようだ。ただ、釣竿用として、素性がよく、固いものは限られた場所にしかなく、箱根では三本継ぎの穂もち用、伊豆では、三本継ぎの「もと」と穂もち用、それもあまり数は採れないとも聞く。静岡では、吉原から掛川の山中に採れるぐらいで、やはり和歌山県がよいといわれている。ただ、穂もち用のサイズのものまでである。

コウヤチクは葉が大きく色の濃く艶やかなものに目をつける。1本を切るのに3回ぐらい固さを確認し、本当に固いものを切る。10

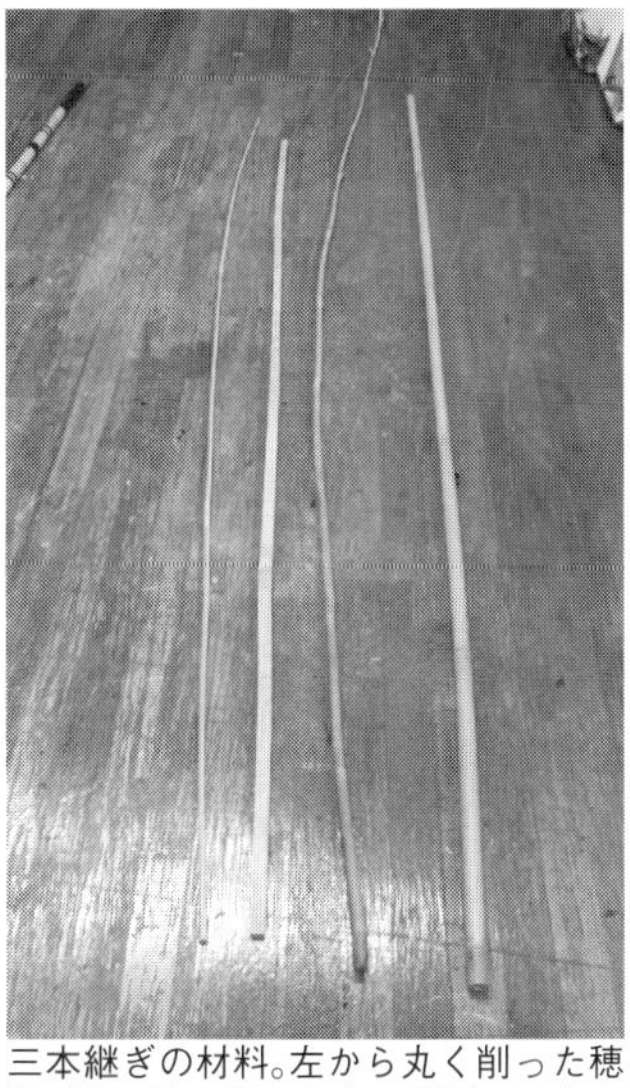

三本継ぎの材料。左から丸く削った穂先、削る前の平タケ（マダケ）、コウヤチク、「もと」になるヤダケ

０本揃えるのに１５０本ぐらい切ることもある。朝からなら２００～３００本ぐらいは切れる。西日が差してきたら作業をやめるが、これは西日で竹がよく見えなくなるからである。最近は１株で３本切れる株が少なくなっている。

昔は穂先に使うマダケや、「もと」に使うヤダケは、専門業者から仕入れることが多かったが、現在はほとんど自分で切っている。

◇製作工程

【入手したタケの下処理】

水に浸したモミガラで表面をこすり洗いし、１～数か月ほど天日干した後、さらに室内で乾燥させる

【へら竿三本継ぎの工程】

製造工程を図２に示す。

穂先にはマダケ、穂もちはコウヤチク、「もと」にはヤダケを使う。へら竿づくりの決め手は二つ。しなりがよく、撓めても反発力の強い「コウヤチク」を採取することと、そのコウヤチクにつなぐ「穂先削り」の技術である。竿の発注者である釣り人が好む、美しい「たわみ」を持つ竿に仕上げるには、コウヤチクのしなり具合を見ながら、これに合う穂先に仕上げていく穂先の削り方にポイントがある。細かくすれば、およそ１２０工程にもなるという「へら竿づくり」だが、重要なのは、生地組み、火入れ、穂先削りの三つといってもよい。

中抜き時のキリ

【生地組み】

基本設計にあたるところ。「三本継ぎ二本仕舞い」の竿なら、

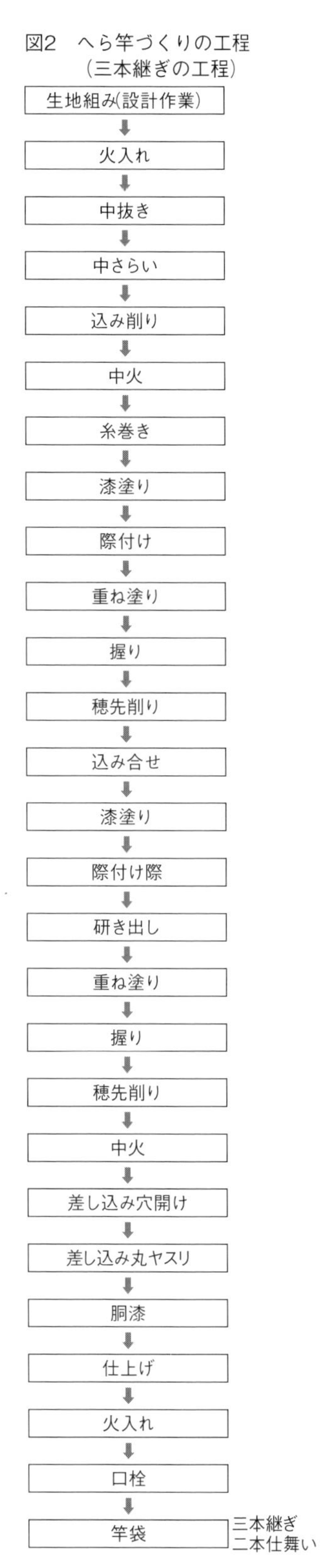

図2　へら竿づくりの工程（三本継ぎの工程）

コウヤチクの「穂もち」に合わせて、マダケの穂先、ヤダケを使った「もと」を選び組み合せていく作業である。穂先は先にもいったように一本穂のほか、合せ穂などもある。穂もちと竿全体のバランスを考えて組み合せる。

【火入れ】

七輪とため木を使ってタケのくせを直し、まっすぐにすると同時に、タケの繊維を引き締め、反発力を高める工程である。竿を扱う経験と感性が生きる工程である。

【中抜き】

数本継ぎの竿を二本仕舞いにするために、節を抜く工程。両端中抜きには50～60本の太さの違うキリを使い分ける。キリを専用のモーターが組み込まれたボール盤に差し込み、回転させながら節を抜いていく。

火入れ。七輪の火に当てながらため木でタケのくせを直す*

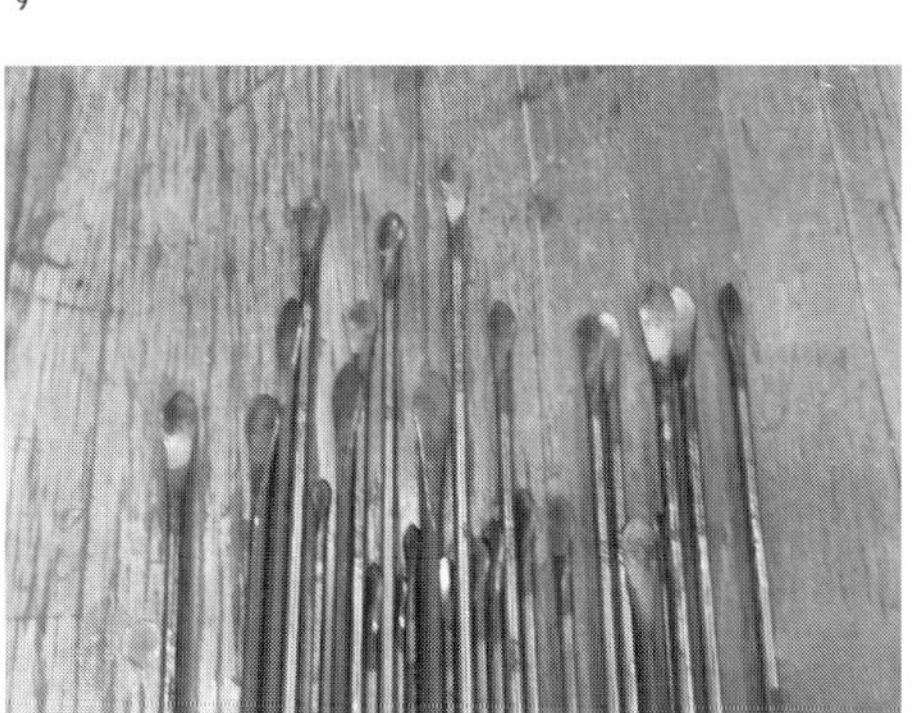

中抜きに使うキリの先端

中抜き。モーター内蔵のボール盤にキリをセットして上からタケを通していく

【こみ削り】

穂先や穂もち、3番などで、竿の継ぎ目で竿尻に当たる部分をヤスリやペーパーでテーパー（円錐状に先細りになっている状態）をつける。

【絹糸巻き】

竿の継ぎ目で竿先に当たる部分である玉口に絹糸を巻く工程。漆を塗り込んでいくための下地となる部分で、均一の力で隙間ができないように巻くこ

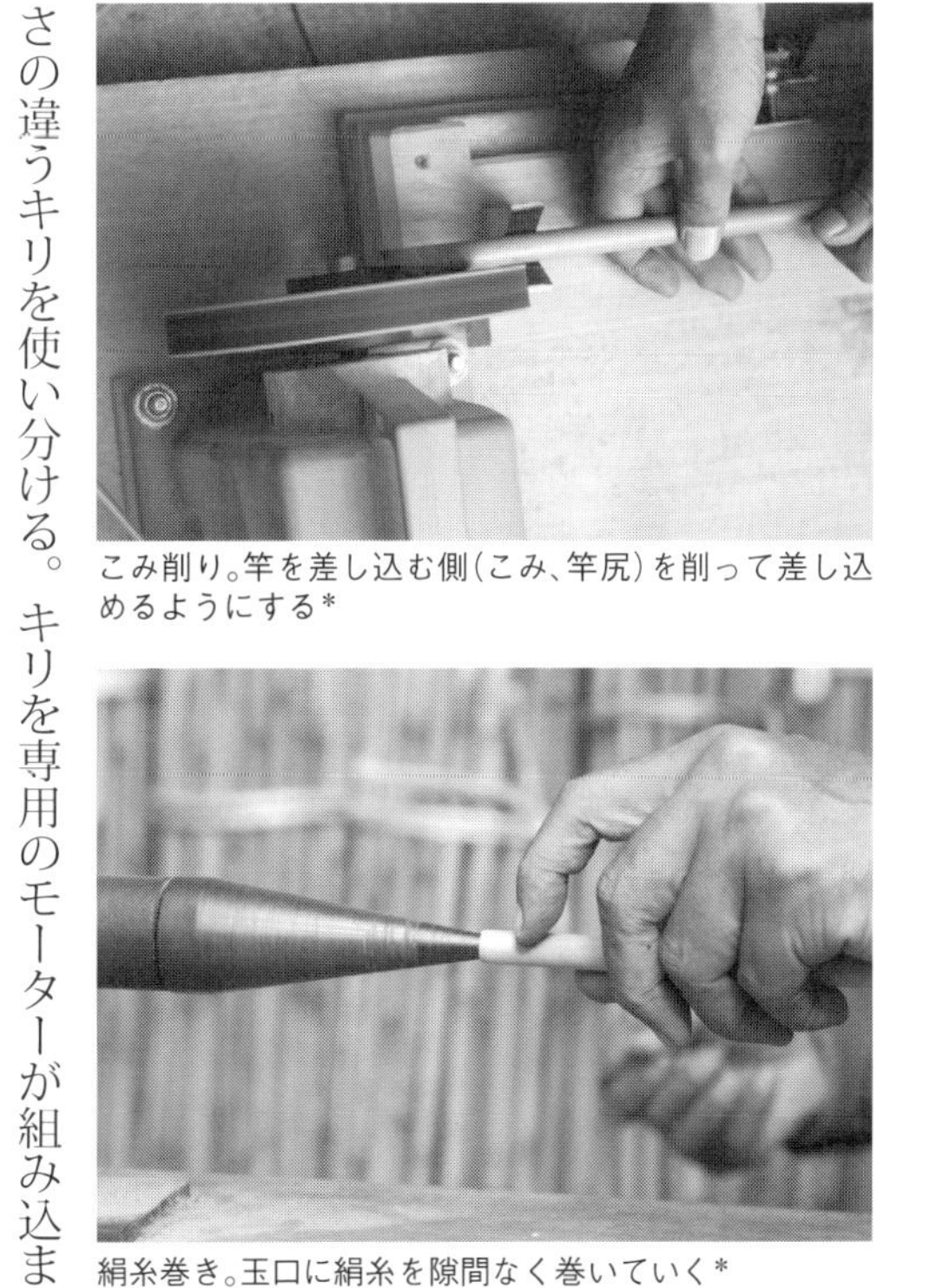

こみ削り。竿を差し込む側（こみ、竿尻）を削って差し込めるようにする*

絹糸巻き。玉口に絹糸を隙間なく巻いていく*

室で一昼夜乾燥させる

刷毛による漆塗り*

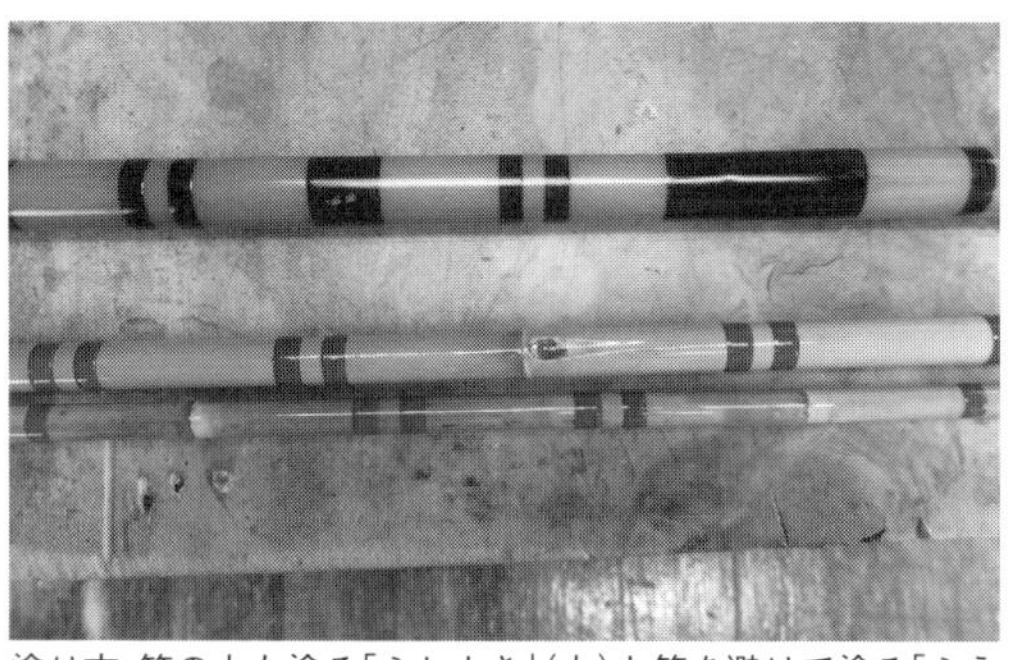
塗り方。節の上も塗る「ふしまき」(上)と節を避けて塗る「ふえまき」

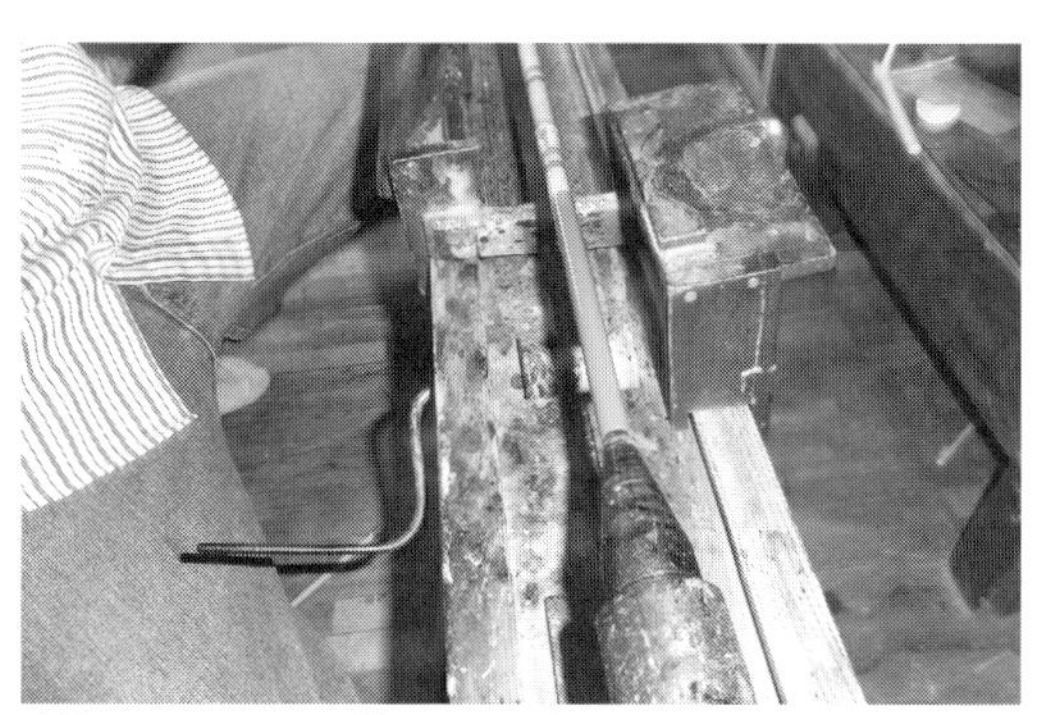
漆塗りにはろくろを使うことが多い

と。

【漆塗り】

玉口や節・節間に巻いた絹糸の上に刷毛で漆を塗り、湿度のある「室」で一昼夜乾燥させてから、耐性ペーパーで研ぎ出す。これを数回繰り返して補強すると同時に、水分が浸透するのを防ぐ。タケの節部分も漆を塗るのが「ふしまき」、節の部分はそのまま残した塗り方を「ふえまき」と呼んでいる。

【差し込み】

竿尻部につけたテーパーに合わせて、玉口部に穴を開ける工程。中抜きに用いたキリ同様の細かな段階に揃えられたキリが使われる。最後にこみの当たる部分を確かめながら、丸ヤスリ

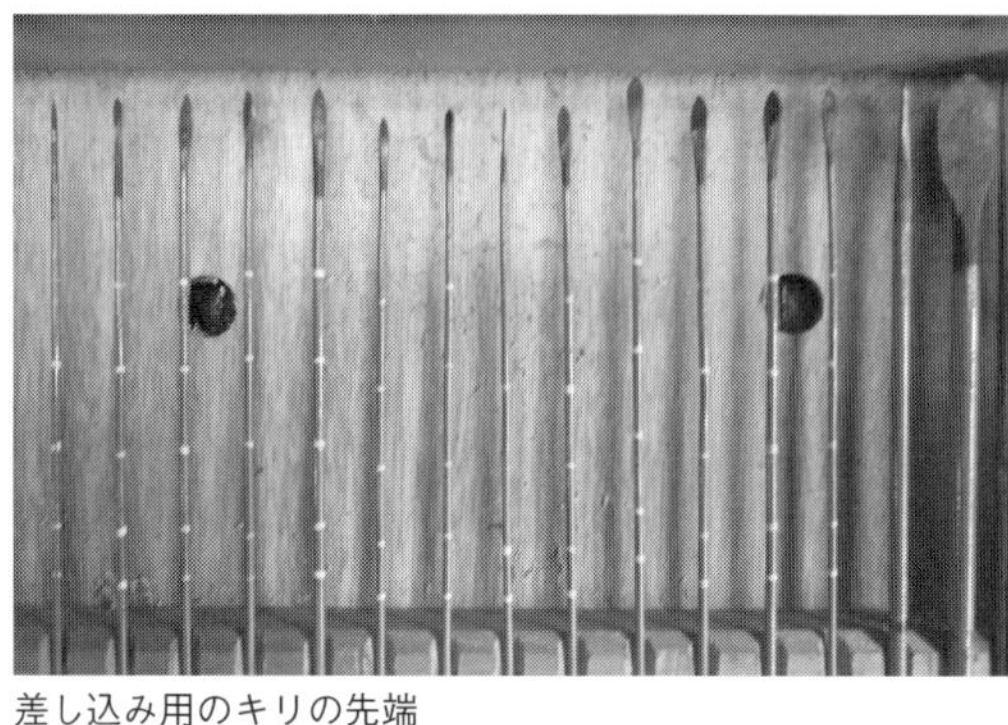
差し込み用のキリの先端

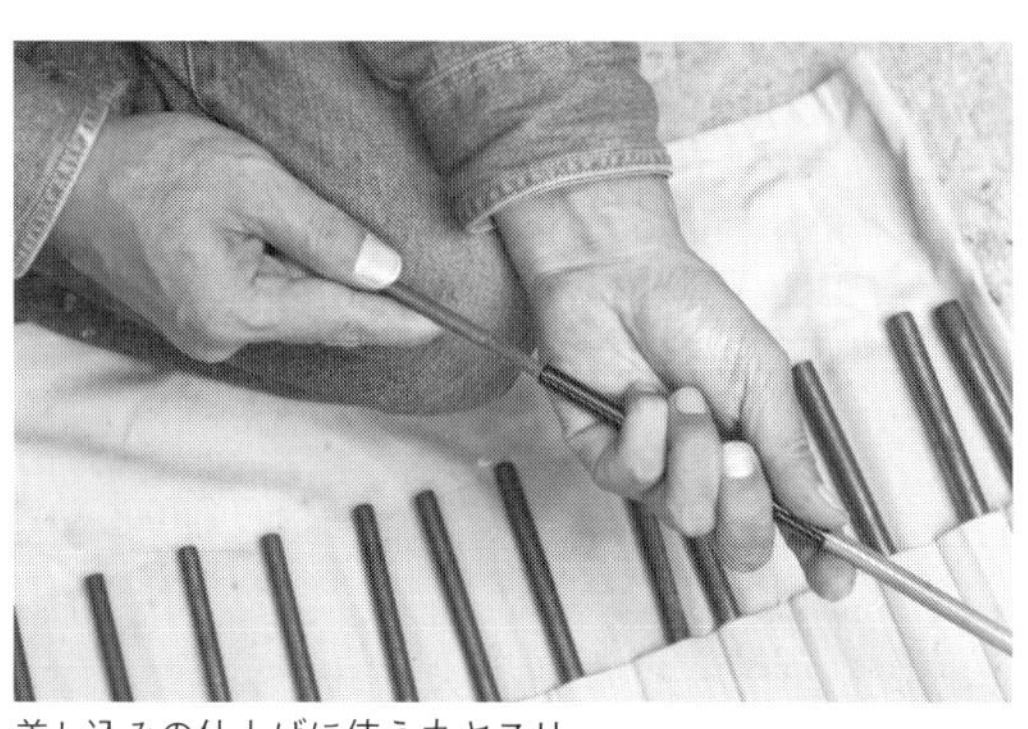
差し込みの仕上げに使う丸ヤスリ

穂先削りの工具

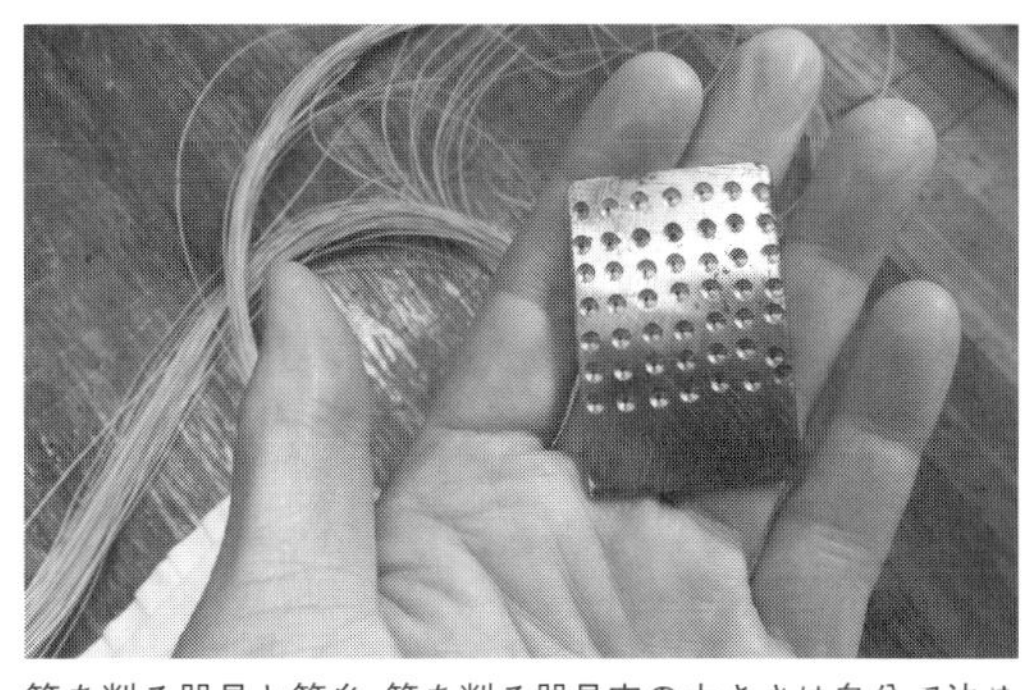
籐を削る器具と籐糸。籐を削る器具穴の大きさは自分で決めて発注した

穂先削り作業

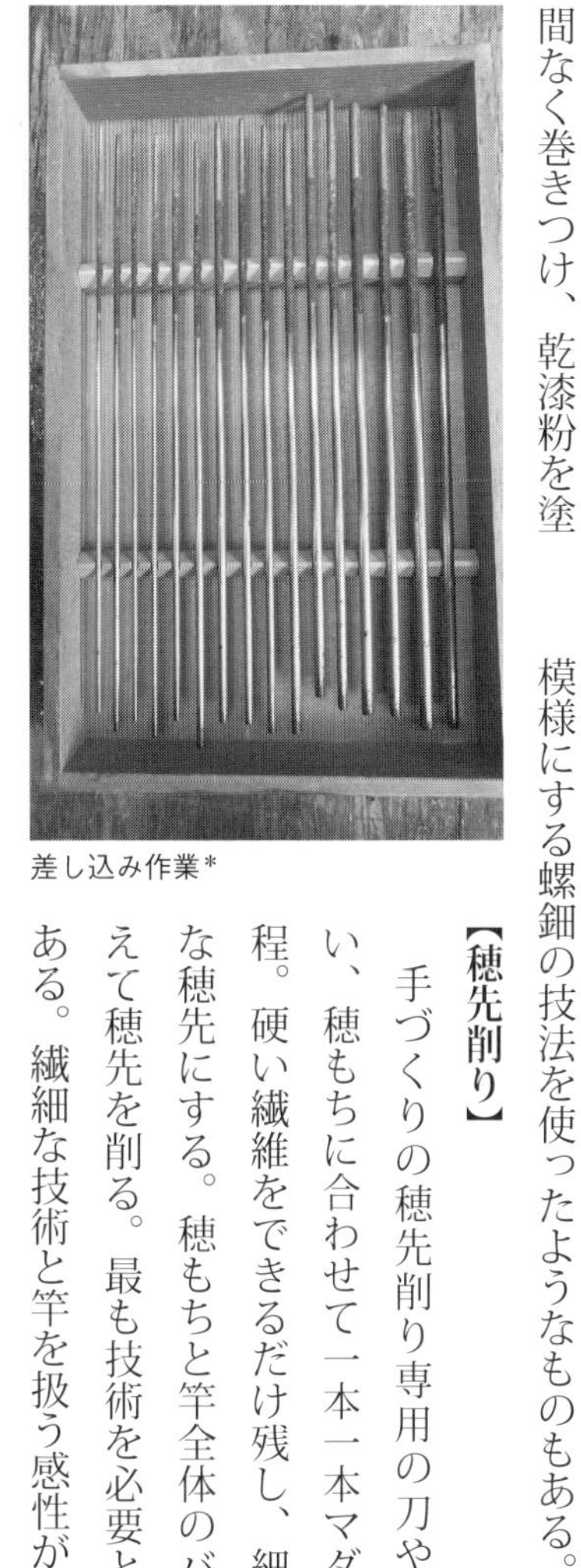
差し込み作業＊

竿の撓みを見ながら削る

を使って仕上げる。

【握り】

糸状になった籐の蔓糸を隙間なく巻きつけ、乾漆粉を塗るなどして色鮮やかに仕上げる。細く削りこんだ籐の糸を巻く、下地に新聞紙を貼り込んでから木や竹を貼り付けていく、あるいは卵殻を細かく割って貼り、漆を塗り重ねてから研ぎ出して模様にする螺鈿の技法を使ったようなものもある。

【穂先削り】

手づくりの穂先削り専用の刀やヤスリを使い、穂もちに合わせて一本一本マダケを削る工程。硬い繊維をできるだけ残し、細くしなやかな穂先にする。穂もちと竿全体のバランスを考えて穂先を削る。最も技術を必要とする工程である。繊細な技術と竿を扱う感性が要求される。

【胴漆塗り（胴拭き）】

漆を竿全体に指先で丹念に塗り込み、モスを使って漆が薄く残るように拭き上げる工程。色艶が出るまで胴漆塗りと乾燥を繰り返す。

【仕上げ】

竿を継いで最後の火入れをする。口栓をつくり名を書いた竿袋に入れて完成。

（紀州へら竿　和歌山県橋本市・紀州製竿組合）

竹皮編

●西上州竹皮編（たけかわあみ）の歩み

◇ブルーノ・タウトと高崎の職人

竹皮編は、竹皮を細かく裂いて巻きながら針で縫い込むコイリング手法という技法でつくられる、丈夫で、手ごたえのある工芸品である。この竹皮編は、『日本美の再発見』（篠田英雄がタウトの日記を編集したもの）や「ニッポン」などの著書で知られる建築家ブルーノ・タウト（1880～1938年）によってデザイン指導され、生みだされた。

タウトは、第二次世界大戦前のドイツを代表する表現主義の建築家で、日本人の生活の中にある文化に注目し、提言を行なった。ナチス政権を避けて渡米する途中に日本に滞在した彼は、仙台の商工省工芸指導所に嘱託として半年（実質3か月）間の在職中にはデザインの理論や基礎を指導、その後滞在した群馬では、県工業試験場高崎分場（後の群馬工芸所）を拠点に、地元の職人の技術をベースに、地場の木や竹や絹を用いて工芸品を生み出すという、より実践的な地域工芸運動に精力を注いでいる。1934～36年まで、群馬県立近代美術館や群馬交響楽団の後援者として知られる実業家の井上房一郎の支援で、高崎にある少林山達磨寺の洗心亭で過ごしている。この高崎滞在中に、高崎南部表の中堅技師であった中原泰護の技術とタウトのクオリティ高いデザインが出合い、実を結んで、新しい伝統工芸としての竹皮編が創り出された。

竹皮編は、すぐれた職人の湧き出るエネルギーを、タウト自身の創造力へと昇華し、相互交換して創り上げたもので、これは他に類を見ないものであった。

福岡県八女地方に産する上質な白竹（学名カシロダケ）を用い、すべてが手仕事ならではの温かいぬくもり、素朴さの中にある健康的な力強さをもつ竹皮編。それが「西上州竹皮編」である。手にとれば感じてもらえると思う。タウトのオリジナルデザインのパン籠や編物籠をはじめとして、ワイン籠やメロン籠、裁縫籠のほか、小さなボタンからコースター、椅子の座面などさまざまな暮らしの場面に生かされている。

◇西上州竹皮編　でんえもん

ブルーノ・タウトと高崎南部表の出合いが、西上州竹皮編を生み出した。昭和40年代までは竹皮編を引き継ぐ職人たちが残っていたが、笹本勇太郎を最後にこの技術も消えようとしていた。私が竹皮編の職人としてスタートしたのは、この笹本ヤス子との出会いによってだった。以来30年余り。カシロダケの産地八女市では最後の竹商高木藤義さんもいなくなるなか、現地のNPO法人「山村塾」や「がんばりよるよ星野村」、竹林農家の高木美恵子氏や宮園管雄・すみ子のお二人などの協力を得てカシロダケを確保し、ここまで竹皮編の技術を伝えてきた。地元群馬の県立高校で伝統工芸の講習を行なったり、新たに高崎市常磐町に工房を構えて体験講座を開いたりしながら、竹皮編の実践者やファンを増やすべく活動をはじめた。一人でも多くこの貴重な技術を引き継いでいってほしいと願っている。

●竹皮の採集

◇カシロダケ（皮白竹）

主原料にしているのは、カシロダケである。これは、マダケの変種で、全国でも福岡県の奥八女（八女市星野村・黒木町・うきは市）の一部だけに群生している。地元では白竹（しらたけ）と呼ばれる。有馬藩時代は雪駄表などの原料に使われて、藩の重要な収入源となっていた。江戸時代から明治時代末期にかけての奥八女の竹皮生産について、野中重之氏が試算している。それによれば次のような状況であった。江戸時代の元文年間（1736～41年の6年間）には、大阪へ3万6384貫（約136t、野中氏の試算では3億2000万枚）が移出されたという。1899（明治32）年には8150把（約122t、ちなみに1把＝4貫＝15kg）であり、販売額は当時1万9416円15銭（現在の金額に換算して約2億4450万円）となっていた。星野村の場合、村の産物でも第2位を占める生産物であった。当時の水田10aの米の収量は4～5俵（240～300kg）であり、竹皮4～5束（60～75kg、1束＝15kg）分に相当したという。

星野村の竹林（写真：青原さとし）

名前の通りマダケなどに比べると、その皮の白さが際立って優美なことが特徴である。セルロース成分が多く、しなやかで強く、筋目の凹凸が深く繊維が立っている。このため竹皮編のほか、版画制作などに使う「ばれん」の中味はもっぱらこのカシ

図1　カシロダケ部位別竹皮名

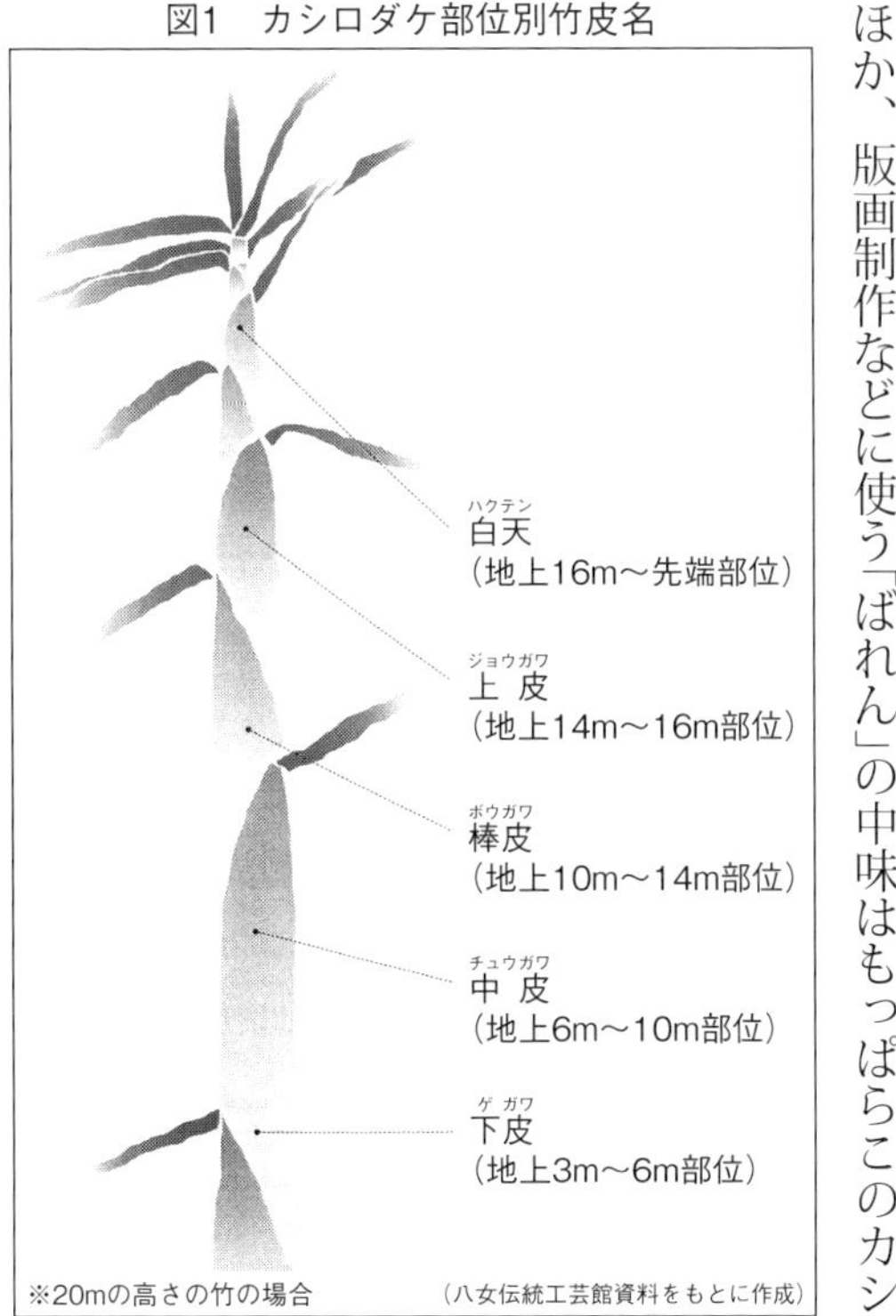

表　マダケとカシロダケの比較

種別		マダケ	カシロダケ
節		節が平で加工しやすい	節が高くて加工しにくい
稈の節間利用		節間が長いので竹細工など加工品に向く	節間が短いので細工物には向かない。剣道の有段者の竹刀や尺八、笛などの材料に適している
成分*		セルロース成分はカシロダケより少ない	セルロース成分を多く含む
稈の断面		薄い	厚い
竹皮	色	濃い茶	黄白色
	斑	多い	少ない
	皮筋	たっている	深くたっている
	ひっぱりの強さ	あまり強くない	強い
用途		・普及品の竹皮草履 ・羊羹の包紙 ・肉やチマキの包装用 日用使いのもの、斑点の面白さを生かした民芸品など	・優美な竹皮は雪駄、高級草履の表、竹皮編、バレン、羽箒などの茶道具、傘などに使われる

*（野中重之1981.「竹　BAMBOO」『福岡県におけるカシロダケ分布と利用状況』日本竹の研究会より）

ロダケからつくられている（マダケとの比較表参照）。

◇竹山（タケヤネ）でのタケ栽培・管理

古い竹を切り、適度に間引きして間伐し、日がよく当たるようにして、新しいタケノコが出てくるように手を入れる。現在は竹商と呼ばれた専門業者もいなくなり、農家も八女茶の出荷で忙しく、竹林の手入れはされていない。八女の地域おこしのＮＰＯ法人に、竹林管理と皮採集を呼びかけ、竹林管理では、春から夏にかけて下草刈りと、年ごとの間伐が欠かせない。５年以上間伐しないで放置すると、テングス病なども発生する。

◇皮ひろい

竹皮が落ちる梅雨明けの時期。採集期間も１週間程度と短い。竹皮の採集量は、年によって変動する。気候の変化などの影響で、たくさん採れる年と少ない年がある。このため、良質な竹皮が採れる年には、当面必要な量以外にも余分な竹皮を確保しておき、採集量の少ない年に備える必要がある。

皮ひろい（写真：青原さとし）

◇竹皮の種類（生長中のタケの時期と部位）

部位によっても性質が違う。上部にいくほど斑点も少なく、白さが増すので上等な竹皮とされてきた。115ページの図1には部位とそこから採れる竹皮の呼び名を示す。以下には20ｍのタケを例に、各部位名とそれぞれの特徴をまとめた。

下皮：地上3～6ｍの部位で竹の根元のほうの皮。斑点が多く、色は茶色が強い。幅広い皮が採れるので包装材に使われる。

中皮：地上から6～10ｍくらいの部位にある皮。下のほうほど色も濃く斑点も多い。草履皮、笠などに使われる。

棒皮：地上から10～14ｍ位の部位の皮。長さは1尺3寸（約40㎝）以上の皮になる。おにぎり、寿司、肉などの包装用に使われる。

上皮：地上から14～16ｍくらいの部位にある皮。竹皮編などの工芸素材にはこの上皮以上が使われることが多い。用途も一番多い。

白天：地上16ｍ以上の部位にある。斑点が少なく、白さも図抜けているので高級竹皮として扱われる。舞妓さんの履くこっぽりの表貼り、竹皮編などに利用する。

◇皮ひろいの時期と条件

カシロダケの採集期間は、1週間とごく短い。地に竹皮が落下して晴天が3日続いた翌日、竹林の中でも青竹のあるようなところを狙って採集にかかる。それでも、良質の白天が多く手に入るのは10年に一度くらいかもしれない。

◇竹皮の選別と乾燥、保管

必要な量は15kgの束が2束。竹皮の量は年によって変動する。1年おきに、よく日が当たって乾燥し収穫量も多い当たり年と、雨がちで収穫の少ない年が交互にやってくる。したがって、採れる年には余分に確保しておくことが大事だ。

きちんと保管すれば、20～30年前の竹皮もストックしておいて使える。よく乾燥させておくことが肝心である。皮の長さや質、表の斑点の付き具合や、皮の白さなどで仕分けしておく。

かつては、地元の農家では、採集してきた竹皮を稈の上に並

天日干し（写真：青原さとし）

結束された竹皮（写真：青原さとし）

べて天日に干していた。こうして乾燥したものを、結束してからコモに巻いて出荷していた。

竹皮は乾燥がしっかりしていれば、20～30年間の保管に耐える。

●竹皮編の工程

竹林管理から始まり、竹皮編が仕上がるまでを図2に示す。

◇必要な道具

作業台のほか、水を入れたボウル、くず入れ、皮を裂いてつくった巻き材と芯材。芯材には巻き始めはオガラを用いる。巻き材は竹皮を1cmに裂いたものを湿らせて使う。芯材は通常は竹皮を1～2mmに裂いたものを乾かして使う。棕櫚(しゅろ)の葉は、強度が必要な部位を編む際に芯材と一緒に芯に入れる。縫い込んで固定するための畳針は、つくるものによって大小を使い分けるので、7、8本を針山に刺して置く。このほかハサミ、竹製ものさし、目打ち、キリフキ、竹皮を保湿するための手ぬぐいも必要になる。

◇竹皮の下処理

竹皮をカシロダケとマダケの皮とで比較してみると、カシロダケは斑点のほか、皮の白さがマダケに比べて際立っていることがわかる。結束されて

図2　竹皮編の製造工程

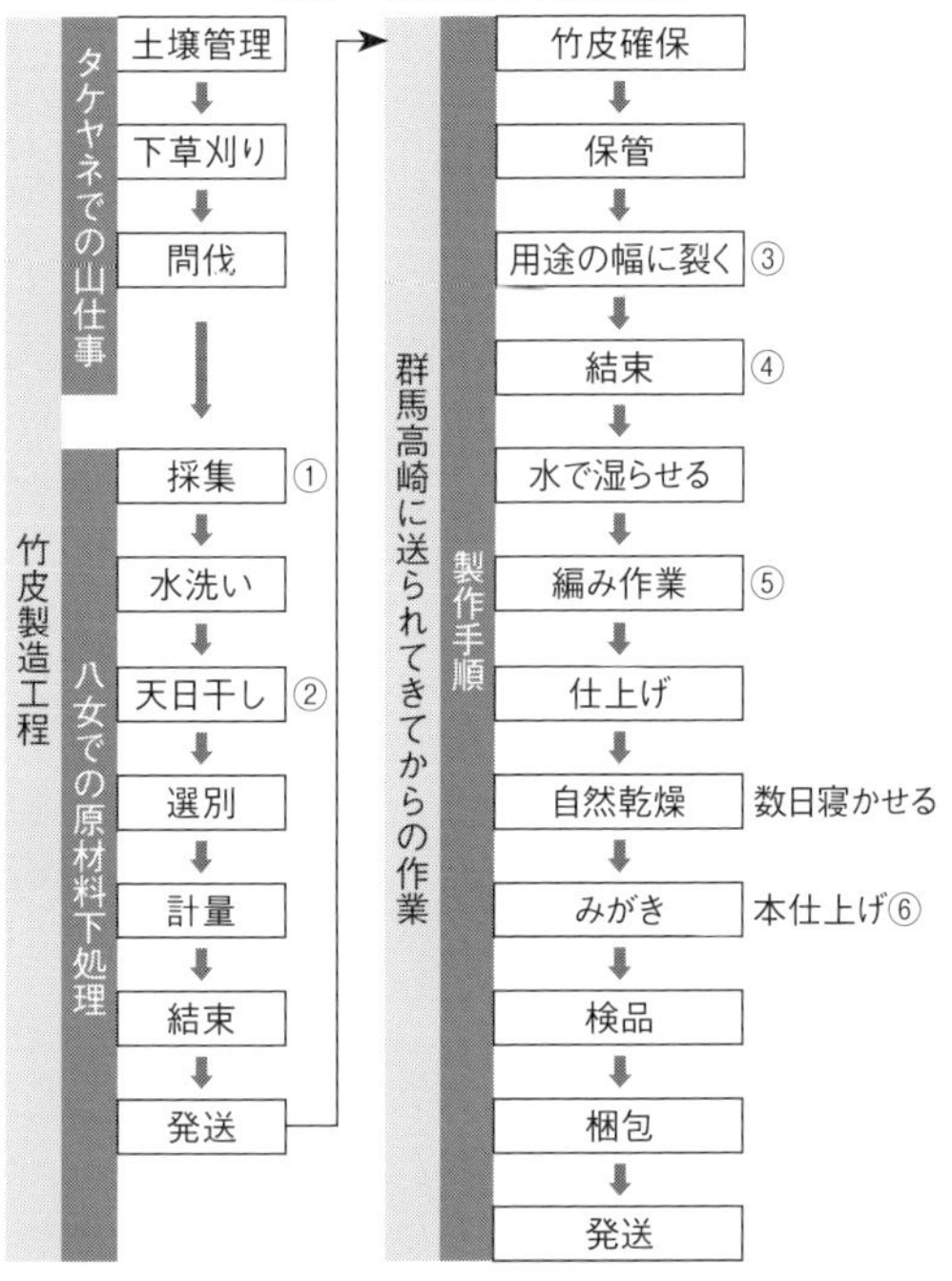

③用途に応じて裂く作業は昔は男性が担当した
④結束。100本を1束として結束する
⑤編み子は女性の仕事だった
⑥板ズリして平らにすることでみがきもかかる

道具
畳針、ハサミ、目打ち、布、キリフキ、ボール

材料
巻材：1cm幅に裂いたもので上等のもの カシロダケの皮 マダケの皮 芯材：チガヤあるいは1～2mmに裂いた竹皮（おもにマダケ）2級品 イワスゲ、アオスゲ、イグサ、シュロなどを用いる ＊原材料は15kg１束ないし２束を年間確保することができると、ゆとりを持って製作できる

必要な道具と素材

運ばれた皮を水に浸したあと、竹皮のもとのほうから、手で水をそそぐ。その後、呼気を吹き込むことで全体に湿り気をいきわたらせる。

軟らかくなった皮を広げながら、まず竹皮の尾と元（もと）のほうを切り落とす。竹皮の両脇の部分（オガラ）は柔らかく、巻き始めに用いるのでまとめてとっておく。広げた竹皮を針で1cm幅に

カシロダケ（左）とマダケ（写真：倉持正実、以下＊はすべて）

皮の処理　水に浸ける＊

皮の端の処理＊

呼気を吹き込んで湿り気を与える＊

結束されたカシロダケの皮＊

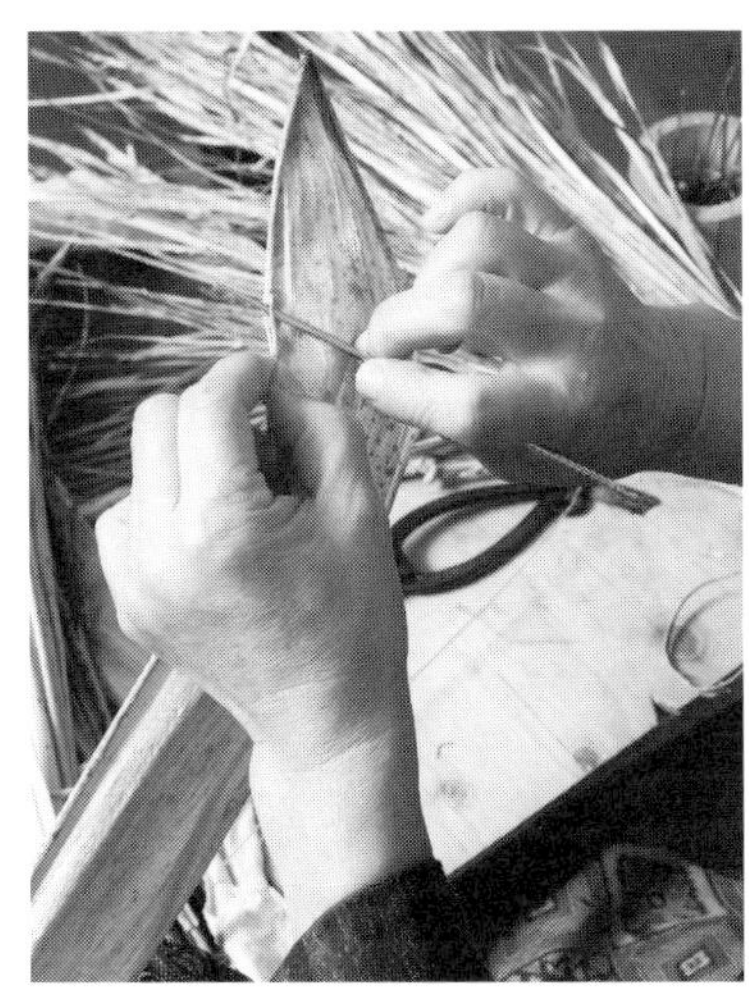
皮の処理＊

皮を1cm幅に裂く＊

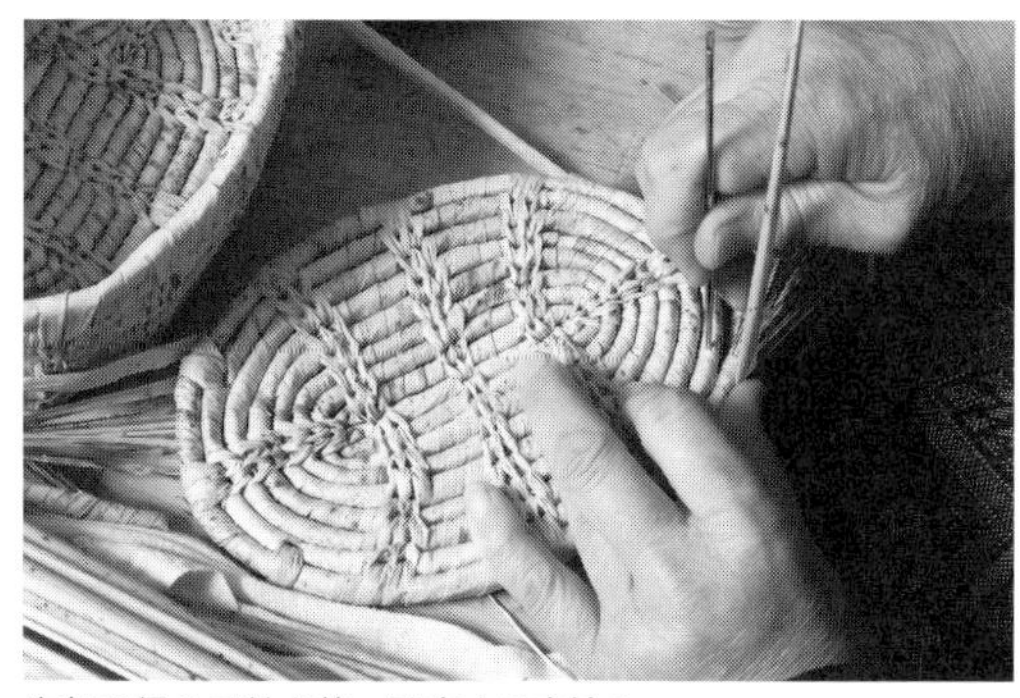

底部の編みで針を使い固定する方法*

浸漬した巻き材は手ぬぐいにくるんでおく*

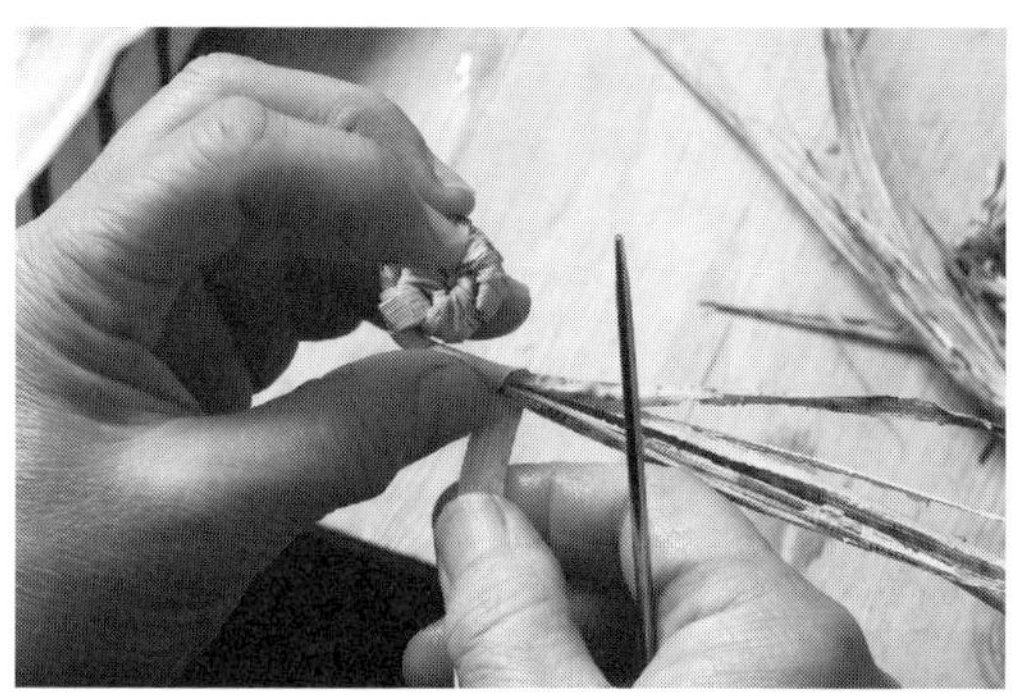

盛り籠の場合の編み始め*

芯材*

裂いていく。中心部は固いために、裂いてから分けて芯材として乾かして使う。裂いた皮は巻き材となるが、乾燥しないように湿らせて、手ぬぐいにくるんでおく。

◇編みの基本（弁当籠の場合）

【弁当箱入れの編み手順】

ここではおにぎりを入れる弁当籠を編む場合を取り上げる。つくるものによって形は変わるが、竹皮編の編み方の基本は共通である。

オガラ（両脇から取った芯材）を数本準備する。これに巻き材として準備した竹皮を斜めにはさみこみ、少しずつ竹皮が重なるようにしながら、3回巻いて畳針で固定するのが基本である。

芯材に巻く*

折り返して底部を編み始める*

蓋の部分も側面と一体で編み上げる*

折り返し点まで巻いて楕円に編んでいく*

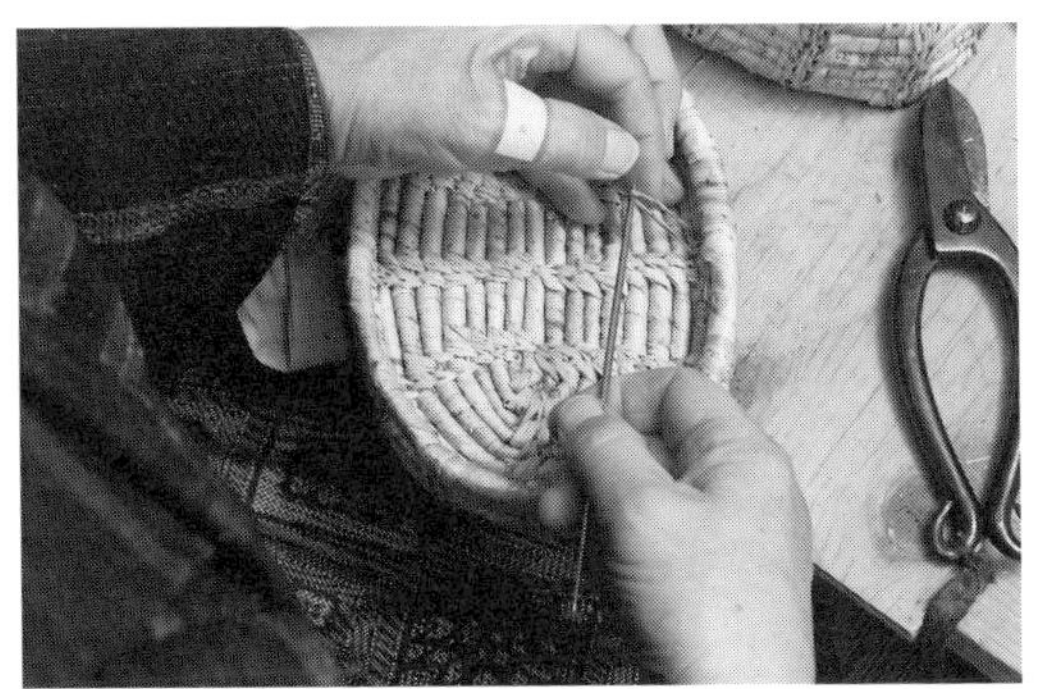

蓋の部分の最後*

底部の完成。さらにこのまま続けて側面編みに入る*

仕上がり*

盛り籠*

弁当籠の場合、その大きさに応じて最初の竹皮の紐の長さを決めておき、この長さになったところで、折り返して楕円の同心円状に増やして巻き、紐状の竹皮を針で縫い留めて固定する。

折り返すところで固定するには、固定する位置に針を刺して立て、巻き材の先をその針穴に通し、針で縫うようにして留めていくが、針を引き抜いて捻れないように、しっかり強く締め付ける。捻れていると形が崩れやすいからだ。盛籠の場合は最初から同心円状に巻いて固定していくことになる。底部を再び巻き始め、折り返し点まで巻いた後に固定する。

基本は、針を刺す距離にくるまで巻いて止めるという作業の繰り返しになる。芯は細くならないように、芯材を随時補充し

保温籠*　　壺型菓子籠*

図　竹皮編ワークショップ

て、芯の太さを一定に維持する。底の部分ができ上がったら、そのまま続けて巻き続けながら、底部の上に重ねるようにして、側面部の編みにかかる。底部と側面部とは一体として、分けずに編み上げてしまうのが特徴である。分業にせず一人が作業することの一貫性を大事にしたものづくりともいえる。蓋の部分も同様に編み上げて仕上げる。

【染め】

ハンドバッグ*

ブルーノ・タウトデザインのワイン籠*

図3　水原徳言による壺型菓子籠の図案設計図

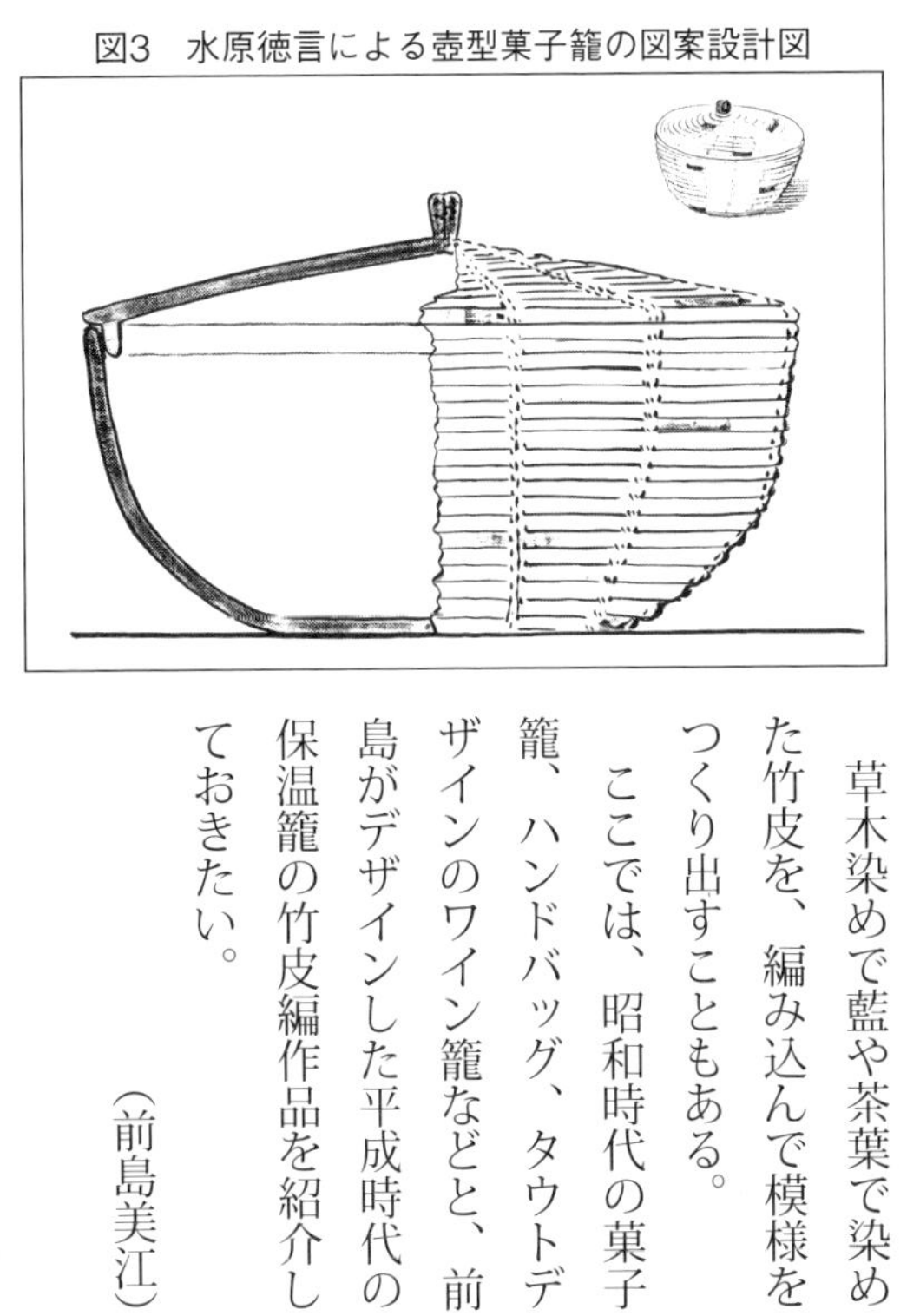

草木染めで藍や茶葉で染めた竹皮を、編み込んで模様をつくり出すこともある。

ここでは、昭和時代の菓子籠、ハンドバッグ、タウトデザインのワイン籠などと、前島がデザインした平成時代の保温籠の竹皮編作品を紹介しておきたい。

（前島美江）

竹遊び　竹の玩具

本来、日本の竹工芸は、経験が豊富で創作意欲の旺盛な人たちが、生産地域の製品特性をいかしつつ、伝統産業として継承してきた作品群として知られている。ところが、子どもたちの世界には竹細工と呼ばれ、竹工芸には至らない予備軍的な分野が昔から存在している。

例を挙げれば、竹馬、竹トンボ、竹のけん玉、竹のヨーヨー、竹笛などいくつもの玩具が竹材を使ってつくられてきた。とくに戦前に生まれた男児なら、誰もが自作の品物の出来映えを自慢した経験を持っているはずである。その事例をいくつか取り上げて、現世代の子どもたちにも、竹を使った物づくりを体験させることができればと思う。

【竹馬】

竹馬は、全国的に広く普及してきた。マダケで節間が揃った2本の竹稈を選び、乗り手の背丈に合わせて、足を乗せる足台を取り付けたものである。この足台となる竹材は、長さ25㎝の丸竹の中心部を二つ割りにしたものである。一般に、本体となる竹の長さは、身長に50㎝を加えた程度のものでよく、また足の乗せ板は図1のように竹を使ってつくることができる。

「竹馬」は、ほぼ全国的に共通した呼び名であるが、①タケウマの変形としてタケウンマ、タゲンマ、タカンマがあり、②タケアシ群では、タカアシ、タカシ、タカハシ、タケハシなどがある。また、③アシタカ群としては、静岡県内にアシタカと呼んできた地域がある。④サギアシ群は、方言中で最も分布地域が広く、サギアシ、サゲアシ、サンガシ、サンガチ、サンギアシなどがある。これら以外にも、⑤カドアシ群、⑥タカスゲ群、⑦ノリ群、⑧ユキアシ群、⑨擬音群、⑩カツギ群など、各地方によってさまざまな呼び名がつけられているほど、各地で楽しまれていた歴史のあることが明らかになっている。

図1　竹馬

ふみ足のつくり方
節間部の真ん中部分上部を切除
50〜60cm
中央部を炭火であぶり、ゆっくりと曲げる
紐または針金で固定する。
竹馬乗り

【竹トンボ】

かつて竹トンボは、子どもたちが、自分でつくって遊べる道具の中の筆頭に位置する竹細工だった。トンボの羽やその厚さによって飛行状態が異なるだけに、本当に楽しめるのは、飛ばし方や空中に飛んでいる勇姿を見た瞬間であろう。

この竹トンボには国際的な組織があり、多くの国の人や団体が加盟している。竹トンボの競技には、滞空時間を競う部門、飛距離を競う部門、垂直高を競う部門などがあり、いずれも羽の形状が関係するだけに、その創意工夫が楽しめるのである。とはいえ、トンボそのものの飛ばし方がわからない子どもが昨今は多く、まず縦棒を両手でこするようにして飛ばすことから教えなければならない。よく飛ぶ竹トンボは軽いこと、左右の羽の長さや重さが均等であること、羽の曲げ具合、羽と軸が直角になっていることなどがある。

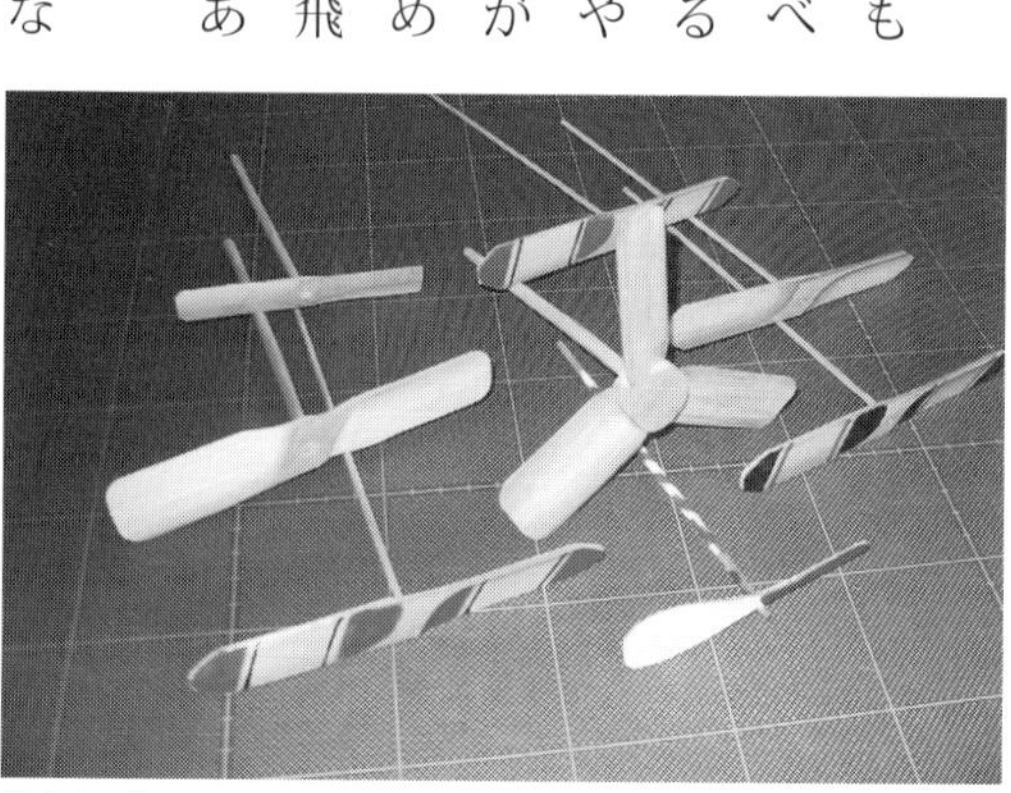
竹トンボ

【竹の水鉄砲】

竹でつくる水鉄砲は、夏休み中の子どもにとって、危険性のない唯一の飛び道具で、竹でつくってよく遊んだものである。相手に水の弾が当たると、子どもも心になぜか興奮と優越感を同時に覚えることのできる遊びでもある。

図2　竹の水鉄砲

外筒より大きく
しばる
小さな穴
スポンジ止めの釘
内側にスポンジ
外側に布を巻く

材料は、直径3㎝程度の細めのマダケの稈を選び、反対側の節は切り落としておく。突き棒にはメダケか細い木の棒があれば十分である。突き棒の先には、スポンジを巻いた上に布をさらに巻きつけて、凧糸でしっかりくくる。ただ、この部分はすり抜けることがあるので、突き棒の先端部付近に前もって竹串を差し込んでおくと、すっぽりと抜けることはない。最初は突き棒の先端部が竹稈内に入り込まないほど厚くしておき、空気圧が十分にかかって水を吸い込むようにつくることである。

【竹ぽっくり】

足の幅よりも少し太い程度のモウソウチクを選び、図3のように一節つけた竹稈を10㎝余りの長さに切って2個つくる。稈の太さを考えると、上下に続いている節を利用してぽっくりをつくるのが望ましい。後は、円周の最も長い部分で2か所相対する位置に、穴を開けて丈夫な紐を通すだけである。紐の長さは、背筋を伸ばして立ったときの指先の一程度の長さにする。

図3　竹ぽっくり

太めのひも
歩いているときの
音が楽しめる

このほかにも、竹を材料にすれば「竹のけん玉」「突き鉄砲」「竹笛」など、いろいろな遊び道具をつくることができる。材料は、身近なところ見つけることができるので、工夫をして、子どもたちにも竹遊びの機会を与えてはどうだろうか。

（本文・イラストとも内村悦三）

竹垣・竹小舞ほか

有限会社竹松の歩み

私の経営する有限会社竹松は竹の産地・滋賀県の近江八幡市安土町にある。初代が青竹屋として創業したのは1887(明治20)年。以来130年にわたり、竹材を竹細工の職人たちや建設・造園業者などに納める青竹屋の家業を営んでいる。いまの私で4代目となる。代々青竹屋が家業だったが、近年の晒し屋、垣屋などと呼ばれる業者や職人の廃業が続くなか、青竹屋でありながらも、こうした分野の仕事まで引き請け対応に追われる状況になっている。

晒し屋とは、切り出した青竹の水分をある程度抜き、熱湯で煮たててタケの油を抜いてから、天日干しして晒した白色の晒し竹をつくる業者である。垣屋は、庭の袖垣、建仁寺垣などの飾り垣根をつくる職人たちの業者だが、いずれも数が減っている。

こうしたなかで、青竹屋だったはずの竹松も、いまでは竹窓、竹垣、駒寄せのほか、土壁の基礎をつくる竹小舞、簾、竹炭、竹小物までも製造販売するようになっている。ただ、近年の傾向は、当社であらかじめ製作した製品を売るというのでなく、客の求めるタケの使い方を一緒に考えて製品をつくり出す、注文生産ともいえる仕事に切り替えてきた。

例えば、当社のホームページを見た回転寿司大手に納品しているという企業から、卓上用抹茶容器として竹を使いたいとの要請があったのもその一例だ。これを受けて2年がかりで竹の容器を開発、その結果永年契約での注文をいただいたのである。こうした製品は消耗も早いので、2年サイクルでのメンテナンスも必要になる。そこで当の企業とは、継続したおつき合いをいただいているという具合である。このように、かつての青竹屋は、いまや竹素材ばかりでなく竹加工品も扱う、総合的な竹専門店になっているといってよい。サービス業界では、その施設・資材に自然素材を求める業者が増える傾向にあると感じている。

利用からみたタケの特徴

マダケ(真竹)は、本来細径であったが近年は直径12～13㎝もあるほど太径のものが多く、径が小さいものは少なくなった。薄く剥ぐことができるので、樽のタガなど多方面で利用する。外見は艶がよく、膨らんだ節が2本ある。

ハチク(淡竹)は、繊維が強く、割って使うことが多い。茶道の茶筅のほか、熊手、笊などに使われる。外見は艶がなく、線状の節がある。

モウソウチク（孟宗竹）は中国から来た種類で、タケノコの利用が一般的である。材としては、肉厚で太径が多く、団扇や建仁寺垣、カキの養殖筏に利用される。外見は節が1本である。

タケ類は木類と異なり形成層がなく導管および篩管のみのため、太くならない。その太さは遺伝により初めから決まっており、高さは日の当たり方によって決まっている。その成長力は強く、ピーク時は1日で1m以上成長する。地下茎が地面を広く覆うことから、がけ崩れには強いが、逆に強風、地滑り、病気などには弱い。放置された竹林で地滑りの発生が多いという研究もある。また放置された竹林によって山地が覆われ、元々植生していた広葉樹や針葉樹の光合成が妨げられ、結果として森林の減少を招くという問題も起こっており、各地で対策が講じられている。

タケ三種。左からハチク、マダケ、モウソウチク

乾燥が十分なされたタケは、硬さと柔軟さを備えており、さまざまな素材として利用される。竹酢液や竹炭としても利用されるほか、建材、工芸材料などともなる。

枝葉を切り落としたタケの主軸は稈（竿）とも呼ばれる。中は空洞なので、管としての性質が強い。つまり、しなやかでそれなりに強い素材である。とくに引っ張りには強い。引っ張り力に比べると、横からの力には弱い。また、加重を支えるのには向かない。

丸竹のまま使われるし、割って細い板状にしても使用される。縦に割りへぎ、そして撚った（綯った）ものはロープのようにも使われたようだ。細い棒状にしたものが竹ひごである。繊維が強く丈夫で、一般の建材としても利用される。また、弾力性に富んでいるため、バネ様の素材としての利用もある。細工が容易なので、簡易な利用にも向く。

●原材料

原竹の仕入れは、滋賀県内だけでは間に合わず、四国・中国から九州地方にまで及んでいる。

【タケの伐採】

伐採の時期により耐久性に違いがあることが知られ

タケの間伐

切り出したタケの搬入

工房の脇に保管されるタケ

ている。一般的に、三年生以上がよいといわれている。冬寒く、夏暑い年の竹は強い。一年生は真筋(根にある竹皮)があり、表面は綺麗である。二年生は真筋がとれかかっている。三年生は真筋がなく、表面は全体が青い、もしくは水垢が付き白っぽくなるものもある。葉変りの跡が残るのでその数を見れば確認できるが、それが落ちると不明となるので、確実な方法としてタケノコの時点で印を付けている。

また水を吸い上げている活動期に伐採されたものは耐久期間が短い。一方、9月中旬から翌年の節分期に伐採されたものは耐久期間が長い。とくに水を吸い上げない正月前後が最良である。逆に暦の上での八専(陰暦で、壬子の日から癸亥の日までの12日間のうち、丑・辰・午・戌の4日を間日と呼んで除いた残りの8日のこと。年に6回あり、雨の日が多いといわれる)は、水を吸い上げるので伐採しない。現在では温暖化で水分が垂れてくるので、根切りでバラけ立てて置く(葉がらし)。

この時期以外に伐採すると、傷口にトビなどの虫が付きやすく、これがタケを食い尽くす原因となる。青竹を利用するだけではなく、竹林のタケにいろいろな処置を施す必要がある。

●素材としての竹づくり

タケは、伐採したままの青竹のほかにも、いろいろに加工を加えて素材として利用されている。そのいくつかを挙げてみたい。次に挙げた中では、青竹は容易に入手できるが、耐久性に問題がある。耐久性は、晒し竹や炭化竹に加工することで改善する。煤竹も独特の色(煤竹色)をしているが、硬く、耐久性には富んでいる。これらは弾力性、硬さ、耐久性などが異なり、利用目的によって使い分けられる。

【青竹】

切り出した竹を放置してある程度水分を抜いたもの。

【晒し竹】

切り出した青竹をある程度水分を抜いた後、直火にかけたり、煮沸したりして竹の水分と油分を抜き、天日干しした白っぽい竹を晒し竹という。直火で焙る乾式(火焙竹)、苛性ソーダで

設置された竹の門扉

壁の基礎材となる竹木

工房でつくられた竹の門扉

炭化処理した竹材

煮沸する湿式に分けられる。竹松では、火で焙(あぶ)る工程を、電子レンジと同じ原理の大型機械でこなしている。竹の中にある水分に、電子レンジで照射するマイクロ波と同じものを直接照射する。今でも底が斜めになっている釜に水を入れてから、その中に竹を入れて沸騰するまで煮立て、天日干しするのが常である。

【炭化竹】

この炭化竹は最近需要が増えており、乾燥させてから高加圧・高加熱したもので、防虫および劣化を遅らせる効果があり、身体にやさしいが、加工のコストは２〜３倍かかる。

【煤竹】

家屋の屋根裏で１００〜２００年間囲炉裏や竈(かまど)の煙で燻された煤竹(すすたけ)も利用される。煤竹は燻製されているので防虫効果がある。

【その他の加工竹】

防虫剤を真空加圧注入したタケもあるが、物理的に無理があるので素材としては弱くなってしまう。どぶ浸けと呼ばれる方法は、防虫剤に浸したもの。浸す期間が短いほうが強度は強いが、効果が少ないので、一般的には1昼夜くらい浸けたものが防虫効果がある。

晒し竹駒寄せ

晒し竹による光悦寺垣

井戸蓋

晒し竹による建仁寺垣

◇竹素材利用の例

これまで当社が手がけてきた事例を写真で紹介してみたい。土壁の基礎をつくる竹小舞、炭化処理したタケ、竹でつくられた門扉のほか、垣根では、光悦寺垣、建仁寺垣、金閣寺垣、竜安寺垣などがあり、素材のタケには青竹も

樽用の輪竹

青竹による金閣寺垣

青竹による竜安寺垣

竹ボール（ディスプレイとして利用する）

あるが、晒し竹や炭化竹も利用する。そのほかにも晒し竹による駒寄せ、樽を締める輪竹、井戸蓋、インテリアなどにする竹ボールなどがある。

（田邊松司）

大分類	利用品目
●文具	**竹ペン、筆の軸、ものさし**（温度変化による伸縮が少ない性質を利用）、**万年筆、ばれん**（竹皮を利用してつくる）
●玩具その他	**竹トンボ、竹馬、麻雀牌、くす玉**（竹籠を骨組に使う）、**釣竿、魚籠、生け簀、竹刀、和弓と矢、棒高跳の棒、竹槍母衣**（ほろ。背後からの矢を防ぐために担ぐ盾の一種。竹籠に布をかぶせる）、**スキー・スケートの材料、バンブーダンスの竹ざお、竹炭、キーボード、マウス**（一部のメーカーが竹素材のコンピュータ周辺機器を発売）
●食利用	**筍**（タケノコ）、**メンマ**（麺麻）、**クマザサ茶、竹茶**
●薬用利用	**竹葉**（ちくよう。ハチクまたはマダケの葉。生薬で解熱、利尿作用）、**リキュール「竹葉青」**（葉を酒に漬けて香り付したもの。中国にある）、**竹茹**（ちくじょ。ハチクまたはマダケの茎の内層で解熱、鎮吐などの作用）、**竹瀝**（ちくれき。タンチク、ハチクの茎を火で炙って流れた液汁、生薬）、**竹紙**（中国四川省や広西チワン族自治区などの一部、竹を原料としたパルプで紙を製造）
●バイオ燃料・ エタノールとして	**燃料・エタノール**（静岡大学では、超微粉末にする技術と、強力に糖化する微生物を探すなどして、糖化効率を従来の2％程度から75％に高めた。3年間でさらに効率を80％まで高め、1ℓ当たり100円程度の生産コストを目指している。研究チームの試算では、国内には約9300万ｔの竹があり、年間330万ｔまでなら採り続けても生態系への影響はない。これで燃料をつくれば目標消費量の約10％を賄えるという）
●農業資材肥料	**竹パウダー**（竹を粉砕してつくるフワフワした肥料。糖分やケイ酸、ミネラルが豊富で、微生物の繁殖がよくなり作物の味、収量増、病害虫に強いなどの効果があるとされる）
	竹酢液（竹炭を焼く時に出る煙を冷やして得る液体。80～90％は水分だが、主成分は酢酸・プロピオン酸・蟻酸などの有機酸類、アルコール類、など、約300種の有効成分を含む。タール分が少なく、透明度が高く、においもソフト。抗菌・抗酸化機能、消臭効果、有用微生物の活性化作用などから、減農薬栽培や土壌環境の改善、作物の生育の活性化に有効な自給資材）

■竹材のさまざまな利用

大分類	利用品目
●建築用の材木として	**竹小舞**(和風建築の塗り壁の素地)、**竹筋コンクリート**(鉄が不足で鉄筋の代用に竹の骨組を配したコンクリート工法)、**床材**、**すだれ**、**建築外部足場**(香港や台湾、中国、東南アジアで、比較的高いビルの建築現場の足場材)、**冬囲いの材料**、**竹垣**
●材木として	**竹シーツ**(小さく切った竹片に隙間を設けながらつづり合わせてシート状にしたもの。暑い時期に体を冷やしてくれる冷却寝具)、**火吹き竹**(かまどの火に空気を送る、風呂や焚き火に)、**吹き矢の筒**、**樋**(半割にし節をそぎ落として軒に渡して雨どい、流しそうめんの流路、水飲み場の導水、温泉の湯冷まし路などに)、**楽器**(尺八、篠笛、能管、龍笛、笙、篳篥)、**竹製の打楽器・琴**(バリ島のジェゴグ、アコースティックギターなど)、**キセルの羅宇**(筒)、**水鉄砲・紙玉鉄砲**、**ししおどし**、**竹筒**(水入れ、花器、上下に節を残し片方に小さな穴を開けて水筒に米を詰め、火にかける調理法も)、**爆竹**(タケを密閉された容器として火中に投入すると派手な音を立てて破裂する。これは爆竹の由来)、**竹炭**(竹を焼いて炭にしたもの。竹は木材に比べて維管束数が多く、より多孔質の組織構造であることから、竹炭は内部の表面積が木炭より5～10倍ほど広く、吸着能力が高いといわれる)
●縄・ロープ	**樽のたが**、**上総掘り**(やぐらに大きい車を仕掛け、これに割り竹を長くつないだものを巻いておき、その竹の先端に取り付けた掘鉄管で掘り抜く井戸の代表的な工法。人力のみで500m以上掘り抜けるので開発途上国援助に利用)
●工芸品・日用品	**笊**、**籠**、**花入・花籠・花生け**、**虫籠**、**箸・菜箸**、**楊枝**、**耳掻き**、**串**(焼き鳥の串など)、**行李などの藍胎漆器**、**茶筅**、**茶杓**、**柄杓**、**竹ナイフ**、**竹箒・熊手**、**箕**、**易の筮竹**、**孫の手**、**青竹踏み**、**竹皮**(おにぎり、ちまき、肉、羊羹などの食品包装材に。皮に含まれる亜硫酸やサリチル酸等により防腐・殺菌作用がある)、**雪駄・草履**、**杖**、**物干し竿**(そのまま使用したり、ポリ塩化ビニルを巻いたものもある)、**自動車の内装装飾**(竹製の内装装飾パーツ)
●骨組みなど	**うちわ・扇子の骨**、**和傘の骨**、**提灯・行灯の骨**、**鉄道踏切の遮断機**、**竹ひご**(竹細工、模型飛行機など)、**白熱電球のフィラメント**(エジソンが白熱電球を改良に日本(京都府八幡市男山)の竹をこれに使い実用化)、**レコード針 - 蓄音器用**、**ササラ電車のブラシ**(ササラ電車とは 路面電車の線路上の雪を、竹でできたブラシを回転させて除雪する車両)、**枝条架**(竹の枝を束ね棚状に幾層にも積み上げたもの。流下式塩田や別府の鉄輪温泉の温泉冷却装置など)

引用・参考文献一覧（著者名　五十音順）

朝日新聞社編　１９８５年『竹の博物誌：日本人と竹』シリーズ・グラフ文化史　朝日新聞社
池田瓢阿　１９６８年『竹の手芸』　婦人画報社
池田瓢阿　１９８０年『竹芸遍歴　茶杓・花入・籠』　淡交社
池田瓢阿　２００３年『茶席の篭―「ひご」づくりからはじめよう』（茶の湯手づくりbook）淡交社
池田瓢阿　２０００年『茶の竹芸 その用と美　籠花入と竹花入』　淡交社
石川正巳　１９５１年「工芸ニュース」『高崎の竹皮工芸』Ｖｏｌ.19 №6　工業技術院産業工芸試験所
石田涇源・加藤明　１９９０年『竹細工に生きる　文化・歴史・物語』　リブリオ出版
稲垣尚友　１９７８年『籠作り入門記』　近畿日本ツーリスト
稲垣尚友　２００９年『やさしく編む　竹細工入門』　日貿出版社
井上房一郎　１９８２年『私の工芸歴』
上田弘一郎　１９６６年『タケ』（特産シリーズ）　農山漁村文化協会
上田弘一郎　１９６８年『竹』　毎日新聞社
上田弘一郎・伊佐義朗　１９６９年『竹と庭―栽培と観賞』（実用百科選書カラー版）　金園社
上田弘一郎　１９７６年『竹と人生』　明玄書房
上田弘一郎・高間新治写真　１９７７年『日本の美竹』　淡交社
上田弘一郎　１９７０年『竹と日本人』（ＮＨＫブックス３３８）　日本放送協会
上田弘一郎　１９８３年『竹と暮らし』（小学館創造選書59）　小学館
上田弘一郎　１９８６年『竹づくし文化考』　京都新聞社
上田弘一郎・吉川勝好　１９９０年『竹庭と笹』　ワールドグリン出版
上田弘一郎　１９６６年『タケ』（特産シリーズ）　農山漁村文化協会
上田弘一郎　１９８５年『竹のはなし』　ＰＨＰ研究所
上田弘一郎　１９７０年『竹と人生』　明玄書房
内村悦三ほか　１９９５年『竹―暮らしに生きる竹文化』　淡交社
内村悦三編著　２００４年『竹の魅力と活用』　創森社
内村悦三　２００５年『タケ・ササ図鑑―種類・特徴・用途』　創森社
内村悦三　２００５年『タケと竹を活かす―タケの生態・管理と竹の利用』　全国林業改良普及協会
内村悦三　２０１２年『竹資源の植物誌』　創森社
内村悦三　１９９４年『竹への招待』　研成社
内村悦三他　１９９９年『竹炭・竹酢液の利用事典』　創森社
内村悦三他　１９９５年『竹』　ヒューマンルネッサンス研究所

内村悦三編　２００４年『竹の魅力と活用　竹資源フォーラム』創森社
江並忠典　２００１年『楽しい竹細工―美と強度を求めて』文芸社
大分の文と自然探検隊・Ｂａｈａｎ事務局編　１９９３年『竹のふしぎ』極東印刷工業
大阪人権歴史資料館編　１９９０年『竹の民俗誌：列島文化の深層を掘る』大阪人権歴史館
大塚洋太郎総監修　１９９４年『園芸植物大図鑑１・２』小学館
大峰敏男・大村俊男指導　１９８６年『シリーズ日本の伝統工芸10 都城和弓・駿河竹千筋細工　竹工品』リブリオ出版
V.D.Ohrnberger　１９８７年『The bamboos of the world』IDB India
岡田譲編集代表　１９７７年「生野祥雲斎　竹芸」『人間国宝シリーズ34』講談社
岡村はた　１９９１年『原色日本園芸竹笹総図説』はあと出版
岡村精次　１９２９年『岐阜和傘に関する調査研究』私家版
沖浦和光　１９９１年『竹の民俗誌』（岩波新書）岩波書店
沖浦和光他　１９９０年『竹の民族誌』大阪人権歴史資料館
荻原克明　１９８４年『竹でつくる』大月書店
木内武男　１９６８年「木竹工芸」『日本の美術』（国立文化財機構監修）25号　ぎょうせい
喜田川守貞　１８５３年「序」『守貞謾稿』東京堂出版本
木下桂風　１９７６年『花籠と竹花入』思文閣
岐阜市歴史博物館編　２０１２年『館蔵品図録　和傘　資料選集』岐阜市歴史博物館
岐阜市歴史博物館編　１９９４年『雨・雪・傘』岐阜市歴史博物館
岐阜タイムス社編　１９５２年『岐阜年鑑』岐阜タイムス社
Kazuyoshi Kudō, Photographs by Kiyomi Suganuma.　１９８０年『Japanese Bamboo Baskets』Koudansha International
V.Cusack　１９９７年『Bamboo rediscovered』Earthgardenbooks
栗林弘　１９６９年『デザイン集』第２号
V.Crouzet　１９９８年『Bamboos』Evergreen
群馬県工芸所　１９３７年『群馬県工芸所要覧』
群馬県立近代美術館・高崎市美術館　１９９８年『パトロンと芸術家―井上房一郎の世界―』展目録
群馬県立歴史博物館　１９８９年『ブルーノ・タウトの工芸と絵画』上毛新聞社
小出九六生　２００１年『竹の手仕事人がつづる竹は無限 無限の竹』オフィスエム
近藤実　１９７９年『竹のおもちゃ１００点』雄山閣
佐藤庄五郎　１９９６年『図説　竹工芸　竹から工芸品まで』共立出版
佐藤庄五郎　１９７４年『図説竹工芸　竹から工芸品まで』共立出版
佐藤庄五郎　１９９３年『図説竹工入門　竹製品の見方から製作へ』共立出版
潮田鉄雄　１９７３年『ものと人間の文化史８・はきもの』法政大学出版局
柴田昌三　２００６年『竹・笹のある庭―観賞と植栽』創森社

島村継夫・大島甚三郎　１９１６年『竹林改良法』　三浦書店
上毛新聞社編　１９２５年『新編高崎市史　資料編10』　上毛新聞社
鈴木貞夫　１９７１年『竹と笹入門』　池田書店
鈴木貞夫　１９７８年『日本タケ科植物総目録』　学習研究社
鈴木規夫ほか　１９７８年『日本の工芸　カラー5　竹工』　淡交社
鈴木道次　１９３７年　ＮＩＰＰＯＮ「日本工芸の伝統と発達」（渡辺義雄『写真』5月号）　日本工房
関島寿子　１９８６年『自然を編む』（シリーズ・親と子でつくる１）　創和出版
関根秀樹　１９９２年『竹でつくる楽器』　創和出版
峙博恭　１９９７年『竹で虫をつくる』　大月書店
高津太三郎　１９２７年『日本和傘宝鑑』　日本和傘宝鑑
高間新治　１９９１年『竹を語る』（ネイチャーブックス）　世界文化社
高間新治　１９７０年『日本の竹　高間新治写真集』　淡交社
高間新治　１９９１年『竹を語る』（ネイチャーブックス）　世界文化社
竹内淑雄　１９４２年『竹の本』　昭森社
竹内叔雄　１９４１年『竹』　秀英社
田中辰明　２０１０年『建築家　ブルーノ・タウト―人とその時代、建築、工芸』オーム社
谷口吉朗他　１９６６年『木・竹』　淡交新社
淡交社編　１９８４年～『竹　第41号』日本の竹を守る会会誌　日本の竹を守る会
淡交社編　１９９５年『竹』（淡交別冊）　淡交社
伝統的工芸品産業振興協会編　１９８０年『伝統的工芸品技術事典』　グラフィック社
中村昌生・中尾佐助他　１９８６年『竹と建築―空間演出のバイ・プレーヤー』（ＩＮＡＸ　ｂｏｏｋｌｅｔ）　ＩＮＡＸ
中元藤英　１９３８年『竹の利用と其加工』　丸善出版
ナンシー・ムーア　ベス／Bibi Wein　１９８７年『日本の竹』Koudansha International
日本民具学会編　１９９１年『竹と民具』　雄山閣出版
野中重之　１９８１年「竹ＢＡＭＢＯＯ」『福岡県におけるカシロダケ分布と利用状況』　日本竹の研究会
野中重之　２０１１年「カシロダケ」論考　高崎女性建築士会主催講演会
畑中敏之　２０１０年『雪駄をめぐる人々　近世はきもの風俗史』　かもがわ出版
白鳳社編　２００８年「特集　傘」雑誌『ふでばこ』15号　白鳳社
長谷川正勝　１９８７年『竹と籐のクラフトお手本集：暮らしを彩る』　リヨン社
ブルーノ・タウト　１９６２年『日本美の再発見』　岩波書店
ブルーノ・タウト　１９９２年『日本文化私観』　講談社
ブルーノ・タウト　１９７５年『日本―タウトの日記　１９３３～１９３６年』　岩波書店
前島美江　１９８８～１９９１年『竹コミ』通巻第１号～第７号

前島美江　２０１１年「竹皮編―皮白竹が結ぶネットワーク」『INDUSTRIAL ART NEWS』No.38、産業工芸研究No.20
前島美江　１９９３年「素材ノート　竹皮」『バスケタリー通信』29号
前島美江　１９８８年『竹皮編・基本テキスト』　西上州竹皮編でんえもん
真木雅子・長谷川正勝・橋本昭道　１９９８年『籐竹つるのバスケタリー』　新時代社
松本三郎・かくまつとむ　２０００年『竹、節ありて強し』　小学館
松本久志　１９７８年「高崎における近代工芸運動の考察(1)工芸運動の発生と経過」『横浜国立大学教育紀要』18　横浜国立大学
マンフレッド・シュパイデル・セゾン美術館　１９９４年『建築家ブルーノ・タウトのすべて』展図録　トレヴィル
水尾比呂志　１９７０年『日本の造形２　竹編』　淡交社
水原徳言　１９５６年「高崎の竹皮編とタウト」『民藝』8月号(第44号)
水原徳言　１９７８年「ブルーノ・タウトの工芸」『SD』特集ブルーノ・タウト再考
水原徳言　１９７５年『群馬県とブルーノ・タウト』　あさを社
二谷栄一　１９５４年『竹取物語要解　文法解明』　有精堂出版
宮内正勝監修　２００３年『竹細工・木工細工をつくろう』　リブリオ出版
武蔵野美術大学　１９８６年「シンポジウム『タウト再考』」
室井綽　１９６０年「タケ科の大別と有用竹類」『富士竹類植物園報告』5
室井綽　１９６９年『竹・笹の話―よみもの植物記』　北隆館
室井綽・岡村はた　１９７７年『タケ・ササ』　家の光協会
室井綽　１９７３年『ものと人の文化史 竹』　法政大学出版局
室井綽・岡村はた　１９７１年『竹とささ』　保育社
室井綽　１９７３年『ものと人間の文化史・竹』　法政大学出版局
室井綽　１９６３年『タケ類―特性・鑑賞と栽培』　加島書店(１９６７年に農業図書刊)
森仁史　２００９年『日本〈工芸〉の近代　美術デザインの母体として』　吉川弘文館
森田久　１９６８年『竹の工作』　さ・え・ら書房
山崎嘉夫　１９１０年『竹材工芸』(実験応用通俗産業叢書　17編)　博文館
吉川勝好ほか　１９８５年『竹の博物誌―日本人と竹』　朝日新聞社
吉田光邦　１９７６年『日本の職人』(角川選書)　角川書店
吉羽和夫　１９９４年『籠職人』　玉川大学出版部
吉羽和夫　１９９５年『消える籠職人』　玉川大学出版部
C.Rechtほか　１９９２年『Bamboos』　Timber press

【や】

【ら・わ】

【さ】

●さくいん●

≪執筆者紹介≫
内村悦三（うちむら　えつぞう）竹資源フォーラム 主宰
近藤幸男（こんどう　ゆきお）北海道比布町・北の竹工房 主宰
大塚清史（おおつか　きよし）岐阜市歴史博物館 館長
川崎幹夫（かわさき　みきお）竿名「玉成」和歌山県橋本市・紀州製竿組合 組合長
前島美江（まえじま　よしえ）群馬県高崎市・西上州竹皮編でんえもん 主宰
田邊松司（たなべ　しょうじ）有限会社竹松 代表取締役

≪北の竹工房≫ http://ww3.tiki.ne.jp/~kondou/
北海道の屋根、大雪山連峰を望む上川郡比布町で、採取したチシマザサ（ネマガリタケ）を材料に竹籠・竹笊などを編んでいる。工芸教室も随時開催。

≪西上州竹皮編でんえもん≫ http://denemon.web.fc2.com/
ブルーノ・タウトが竹皮編を生み出した群馬県高崎市に工房を構えて、竹皮編講座も開設。素材となるカシロダケの産地、福岡県八女市星野村でも活動している。

地域資源を活かす　生活工芸双書

竹（たけ）

2019年１月20日　第１刷発行
2021年９月10日　第４刷発行

著者
内村悦三
近藤幸男
大塚清史
紀州製竿組合
前島美江
田邊松司

発行所
一般社団法人 農山漁村文化協会
〒107 - 8668　東京都港区赤坂７丁目６ - １
電話：03（3585）1142（営業），03（3585）1147（編集）
FAX：03（3585）3668　振替：00120 - 3 - 144478
URL：http://www.ruralnet.or.jp/

印刷・製本
凸版印刷株式会社

ISBN 978 - 4 - 540 - 17213 - 7
〈検印廃止〉

装幀／高坂　均
DTP制作／ケー・アイ・プランニング／メディアネット／鶴田環恵
定価はカバーに表示　乱丁・落丁本はお取り替えいたします。